欧洲地震烈度表 1998

［德］G. GRÜNTHAL 主编

黎益仕 温增平 译
刘锡荟 杜 玮 校

地 震 出 版 社

图书在版编目（CIP）数据

欧洲地震烈度表1998/［德］顾卢达（G. GRÜNTHAL）主编；黎益仕，温增平 译. —北京：地震出版社，2010. 2

ISBN 978-7-5028-3672-6

Ⅰ. ①欧…　Ⅱ. ①顾…②黎…③温…　Ⅲ. ①地震烈度表－欧洲－1998　Ⅳ. P315. 62

中国版本图书馆 CIP 数据核字（2009）第242738号

地震版　XT200900283

欧洲地震烈度表 1998

［德］G. GRÜNTHAL　主编

黎益仕　温增平　译

刘锡荟　杜　玮 校

责任编辑：李　玲

责任校对：庞亚萍

出版发行：地震出版社

北京民族学院南路9号　邮编：100081

发行部：68423031　68467993　传真：88421706

门市部：68467991　传真：68467991

总编室：68462709　68423029　传真：68467972

E-mail：seis@ ht. rol. cn. net

经销：全国各地新华书店

印刷：北京地大彩印厂

版（印）次：2010年2月第一版　2010年2月第一次印刷

开本：787×1092　1/16

字数：82千字

印张：6. 25

印数：001～500

书号：ISBN 978-7-5028-3672-6/P·（4292）

定价：62. 00元

中文版序言

It is an honour for me to introduce this monograph on the Chinese edition of the European Macroseismic Scale EMS－98. This edition of the EMS－98 in Chinese language is especially recognized and appreciated since China is particularly exposed to high magnitude earthquakes in densely populated areas, which requires the proper use of macroseismic tools. Moreover, there is hardly any other country with such a large number of experienced experts in seismology and earthquake engineering. These are the potential users of this Chinese edition. One of the characteristics of the EMS－98 is that it is designed to meet not only the needs of seismologists alone, but also those of civil engineers.

Knowing that earthquake effects on buildings can vary strongly depending on their seismic vulnerability, special emphasis in designing this new scale was put on the classification of buildings with respect to their vulnerability, ranging from extreme vulnerable (class A) up to frame construction with a high level of earthquake-resistant design showing minor vulnerability (class F). Together with the classification of damage to buildings, differentiated into structural and non-structural damage, both for masonry and reinforced concrete buildings, the vulnerability classification became the backbone of the new scale. The extensive Guidelines to the scale enable the users to classify their special types of buildings into one of the six vulnerability classes. Moreover, the EMS - 98 is the first scale which is configurated with the Guidelines and Background Material, which, properly applied, reduces the subjective factor considerably.

All these features lead to applications of the EMS - 98 on all continents. Already in 1996 the European Seismological Commission had officially recommended its use in their member states in Europe and the Mediterranean countries. Aside from the English original, editions of the full monograph are available in French, Spanish and Russian-added herewith by the Chinese one. Translations of the core part or the short form of the EMS - 98 exist in some twenty languages. More and more the scale is becoming inversely used as a tool to assign the seismic risk in terms of monetary loss for a given intensity.

I highly appreciate the long tradition of the Chinese scientific communities in seismology and earthquake engineering in paying attention to European macroseismic scale developments. This was the case with the MSK - 64 intensity scale, which was considered in the design of the China Seismic Intensity Scale CSIS (1980). Similarly, CSIS 1999 is referring to the 1992 edition of the test version of the European Macroseismic Scale EMS -92. The latest development of the Chinese scale, the CSIS 2008, edited shortly before the Wenchuan earthquake, makes use of ideas of the EMS - 98, especially with respect to the idea of the vulnerability classes, particularly for the earthquake-resistant engineered buildings.

I am convinced that this Chinese translation of the EMS - 98, being made available herewith to a broader user community, will support the continued fruitful link between Chinese and European developments in macroseismology. My sincere thanks are expressed to Dr. Wen Zengping and his co-workers for preparing the translation and to the China Earthquake Administration for financing and distributing this edition.

Potsdam, 18 May 2009

Gottfried Grünthal

Chairman of the ESC Working Group on Macroseismic Scales and Editor of the EMS－98

第一版序言

我很荣幸而又特别高兴地介绍这份新的《欧洲地震烈度表1992》(EMS－92)。该烈度表于1992年布拉格第二十三届欧洲地震委员会全体会议上获得通过。

应该指出的是，长期以来欧洲地震委员会一直极为重视地震烈度划分的工作。早在1964年欧洲地震委员会就推荐了MSK－64地震烈度表，该烈度表以其创始人V. Medvedev、W. Sponheuer和V. Karnik的名字命名，烈度表的基本内容已广泛应用了近30年。1981年欧洲地震委员会又介绍了MSK－64烈度表的修订版本。

经过五年多紧张细致的工作，终于完成《欧洲地震烈度表》的修订工作，它囊括了此前这方面的所有研究成果。1992年欧洲地震委员会全体会议建议将EMS－92作为通用标准试用三年。看起来这是欧洲地震委员会在推广国际标准方面的一个有益而正确的举措。

值得注意的是，主要由于在宏观震害资料评估过程中基于计算机方法的应用，最终使得烈度表的定义有了更加适宜的表达。必须认识到，地震烈度表只有通过不断地讨论和实际应用才能不断完善，但是新的观念不应改变烈度表的基本原则。如何完成这一复杂的工作，这份新的烈度表就是一个很好的例证。

感谢欧洲地震委员会“地震烈度表”工作组的成员和对这份烈度表做出贡献的所有同事们。该烈度表是欧洲地震委员会首批优先资助的长期国际合作项目中的优秀成果之一。在此，我还要特别感谢主编和工作组主席，波茨坦的 G. Grünthal 博士，以及其他对此做出重要贡献的编辑们：爱丁堡的 R. M. W. Musson 博士、魏玛的 J. Schwarz 博士和米兰的 M. Stucchi 博士。

欧洲地震委员会感谢欧洲理事会，它资助卢森堡的欧洲地球动力学及地震学研究中心、苏黎世的瑞士再保险公司以及慕尼黑的巴伐利亚保险公司举办的专题学术讨论会。我们也要感谢直接参与本报告编辑的所有人员。

L. Waniek（欧洲地震委员会主席）
1993 年 3 月 8 日，布拉格

第二版序言

我们尊敬的已故同事 L. Waniek 为第一版欧洲地震烈度表作序距今已有五年了。在这五年里，该烈度表有了很大的发展。在推荐试用的三年里，新烈度表不仅在欧洲得到了广泛使用，而且在世界各地也得到了普遍使用，包括发生在这一时段里的许多重要地震：1993 年马哈拉施特拉地震（Maharashtra，印度），1994 年北岭地震（Northridge，美国）以及 1995 年神户地震（Kobe，日本）等，余皆不一一列出。

1996 年在阿卡普尔科（Acapulco）召开的第十一届世界地震工程大会上，特意安排了一个烈度表专题讨论会，讨论新的欧洲地震烈度表及其试用和发展情况。其重要意义在于，欧洲地震烈度表（EMS）不只是仅供地震学家使用的烈度表，它鼓励工程师和地震学家之间密切合作，这种同时供工程师和地震学家使用的烈度表在国际上尚属首例。在第十一届世界地震工程大会后，在雷克雅未克（Reykjavik）召开的第二十五次 ESC 全体大会上通过了一项决议，推荐在欧洲地震委员会会员国范围内均采用新的欧洲地震烈度表。

为了能将试用期间所取得的经验纳入新的烈度表，工作组又付出了大量艰辛劳动，这份新的欧洲地震烈度表现在终于完成了。我很高兴能够把它介绍给地震界，并希望将其用于整个欧洲未来地震宏观调查和烈度评定中。

我要感谢欧洲地震委员会“地震烈度表”工作组的负责人Gottfried Grunthal博士、编辑部、以及为这项重要任务做出贡献的所有其他同事，感谢他们的出色工作。我还要再次感谢欧洲地球动力学及地震学中心报告编辑部门为出版本卷所作出的努力。

Peter Suhadolc（ESC秘书长）
1998年4月6日，的里雅斯特

目　录

参加欧洲地震烈度表编制的有关人员

欧洲地震委员会（ESC）地震烈度表工作组是从1989年3月开始工作的，首先在欧洲地震委员会第3号通报上登载了征集MSK烈度表修订建议书的通知，随后又分发了由烈度表工作组主席G. Grünthal博士（波茨坦）于1989年12月汇编的《关于修订MSK烈度表的意见及建议》的小册子，除了下面列出的参加过工作组会议的人员之外，还有P. Albini（米兰）、N. N. Ambraseys（伦敦）和A. Moroni（米兰）也提出了他们的意见和建议。

至少参加过一次地震烈度表工作组会议（1990年6月7~8日，苏黎世；1991年5月14~16日，慕尼黑；1992年3月16~18日，瓦尔费当日，卢森堡公国）的人员：G. Grünthal、V. Kárník（布拉格）、E. Kenjebaev（阿拉木图）、A. Levret（丰特内奥罗斯）、D. Mayer-Rosa（苏黎世）、R. M. W. Musson（爱丁堡）、O. Novotny（布拉格）、D. Postpischl（博洛尼亚）、A. A. Roman（基什尼奥夫）、H. Sandi（布加勒斯特）、V. Schenk（布拉格）、Z. Schenková（布拉格）、J. Schwarz（魏玛）、V. I. Shumila（基什尼奥夫）、M. Stucchi（米兰）、H. Tiedemann（苏黎世）、J. Vogt（斯特拉斯堡）、J. Zahradnik（布拉格）、T. Zsíros（布达佩斯）。

此外，向工作组会议提过意见和建议的还有：R. Glavcheva（索非亚）、R. Gutdeutsh（维也纳）、A. S. Taubaev（阿拉木图）。欧洲地震烈度表EMS-92主要的最后版面样式是由G. Grünthal、R. M. W. Musson、J. Schwarz和M. Stucchi于1992年6月17~21日在波茨坦的一次会议上创作的（详情请参见先前版本EMS-92的介绍）。J. A. van Bodegraven（荷兰德比尔特市）、J. Dewey（丹佛）、J. Grases（加拉加斯）、R. Gutdeutsch、V. Kárník、D. Mayer-Rosa、A. A. Nikonov（莫斯科）、J. Rynn（Indooroopilly）、H. G. Schmidt（魏玛）、L. Serva（罗马）、N. V. Shebalin（莫斯科）、S. Sherman（伊尔库茨克）、P. Stahl（波城）、J. Vogt等人对EMS-92试用版提出了他们的意见。1996年

6 月 23 ~28 日召开的第十一届世界地震工程大会，专门就烈度表组织了专题会议，着重讨论烈度表所涉及的工程内容、烈度表的试用情况及相关研究，J. Dewey、G. Grünthal、C. Gutierrez（墨西哥）、R. M. W. Musson、J. Schwarz 和 M. Stucchi 等人在会上作了报告。

自 1996 年起，EMS－98 编辑委员会，即 G. . Grünthal、R. M. W. Musson、J. Schwarz 和 M. Stucchi，就开始了吸纳世界各地应用 EMS－92 的经验以进一步修改该烈度表的工作。编委会为此召开了两次会议（1996 年 11 月 7 ~9 日，爱丁堡；1998 年 1 月 26 日至 2 月 1 日，波茨坦）。为了准备在爱丁堡的会议，M. Dolce（Potenza）、C. Carocci（罗马）和 A. Giuffré（罗马）就工程方面的内容提出了参考建议。在该项工作的最后阶段，D. Molin（罗马）、A. Tertulliani（罗马）、Th. Wenk（苏黎世）、H. Charlier（斯图加特）提供了描述破坏等级的图片资料，Th. Wenk 与编委共同努力在工程方面所做的工作均纳入到了本版之中。另外，Ch. Bosse（波茨坦）提供了技术支持。

引　言

欧洲地球动力学及地震学研究中心出版这份报告的目的，是介绍由欧洲地震委员会（ESC）地震烈度表工作组完成的欧洲地震烈度表第一版（EMS－92）的修订版本，EMS－92 于 1993 年春天刊印在欧洲地球动力学及地震学中心报告的第 7 卷。

1992 年，ESC 第二十三次全体会议推荐将 EMS－92 和当时的其他烈度表并行使用三年，以收集在实际条件下的经验，尤其是有关烈度表中新增的试验性条款，包括结构易损性分类及经过正规工程设计的建筑。EMS－92 的试用不只局限于欧洲。修订 EMS－92 版烈度表时用到了近年来发生的几次主要地震的震害分析结果，其中包括 1992 年荷兰的罗尔蒙（Roermond）地震、1993 年印度西部马哈拉施特拉邦（Kilari）地震、1994 年美国北岭（Northridge）地震、1995 年日本神户（Kobe）地震、1995 年希腊的埃吉翁（Aegion）地震、1997 年委内瑞拉加里亚哥（Cariaco）地震和 1997 年/1998 年意大利中部地震。

欧洲地震烈度表（EMS）第一版本的编制步骤，已在 EMS－92 的引言中做了系统总结，在此仅说明编制一本新烈度表的总体目标，以及 EMS－98 对 EMS－92 试用版所作的重大改进。

MSK 烈度表是编制 EMS 烈度表的基础。而 MSK 烈度表本身就是在 20 世纪 60 年代初使用下列烈度表经验的基础上完成的烈度表修订本，这些烈度表包括 Mercalli-Cancani-Sieberg 烈度表（MCS）、改进的 Mercalli 烈度表（MM－31 和 MM－56）以及 1953 年推出又被称作 GEOFIAN 烈度表的 Medvedev 烈度表。1976 年、1978 年 Medvedev 曾对 MSK－64 烈度表作了微小的修改。当时，许多使用者明显觉得需要对该烈度表做若干改进，使其更加清晰，并做适当调整以适应新出现的建筑技术。1980 年 3 月在耶拿（Jena）召开的特别专家组会议上，围绕 MSK－64 烈度表使用中出现的一些问题做了分析（发表于 Gerlands Beitr. Geophys. 1981，S. V. Medvedev 此前提出的一些建议亦包含在内)，总体而言，专家组对该表修改的意见说均属于细小改动。但这个版本却成为了工作组活动的最初平台。

编制新的地震烈度表的重要原则之一是不改变烈度表内在的一致性。否则就会造成由它评定出的结果与按照早期广泛采用的十二度（等级）烈度表所评定出的烈度值不相一致，从而导致需要对过去给出的烈度评定结果重新评定的后果。这当然是应该全力避免的，否则有关地震活动性和地震危险性的研究就会出现一片混乱，因为二者对宏观地震资料都有着很强的依赖性。

在修订地震烈度表时应该考虑的其他常规问题还包括：

——地震烈度表的宏观鲁棒性，也就是说，烈度评定判据的细小差异不应该造成烈度评定结果的显著不同；进而言之，烈度表应该理解为一个折衷解决方案，同时它也应该以折衷方案来使用。不能指望一个烈度表就能将在烈度评定实践中可能出现的不一致的评定判据都包容并列进来；

——这些不一致的评定判据也可能反映出使用烈度表的地区的文化环境的差异；

——简便易用；

——在烈度评定时应放弃依据局部土层条件或地貌影响修正或调整所评定的烈度值的做法，其实，详细的地震宏观震害考察恰是发现并详细描述局部场地或地貌放大效应的一种途径；

——烈度值应理解为一定范围内地震影响的代表值，它是针对一定的范围，如某一村庄、一座小镇或某较大城镇的一部分，而不是针对一个点（比如一栋房屋等）。

基于上述几个方面，地震烈度表工作组要解决的具体问题为：

——在烈度表中需要包含新的建筑类型，特别是那些经过抗震设计的建筑物，这是现行地震烈度表没有涵盖的；

——需要解决在度量地震影响的烈度标尺上Ⅵ度与Ⅶ度分界点放置在什么位置比较合适的问题，以往人们似乎觉得Ⅵ度与Ⅶ度间存在非线性问题（在编制 EMS－92 及 EMS－98 时，经过深入讨论，证实此乃是错觉）；

——需要整体提高烈度表中用词的清晰度；

——需要确定当使用高层建筑的震害资料评定烈度时应该考虑哪些因素；

——需要考虑是否应附加与各烈度值相对应的强地面运动物理参数及其频谱参数指标的指导性的规定；

——所设计的烈度表，不仅能满足地震学家的需要，而且也应能满足土木工程师等其他可能使用者的需要；

——所设计的烈度表还能用于历史地震的评定；

——在使用地表可见的地震宏观效应（山崩、地裂等）及地下结构的振动影响的资料作为烈度评定的判据方面做了重大修改。

这里的“地震烈度”一词其全部意义是：依据在一定区域内观察到的各种地震影响后果，对地面振动强烈程度的等级划分。

地震烈度表工作组的成员都认识到具有十二个等级的地震烈度表实质上只有十个等级，也就是说，Ⅰ度意味着无感，而Ⅺ度和Ⅻ度，除了非常有限的实际价值外，很难对它们进行区分。另外，如果考虑到Ⅱ度和Ⅺ度极为少用，及Ⅻ度只是用来定义在实际中并不会发生的最大地震影响的情形，实际上，烈度表中有用的等级甚至只有八个。但是，如上所述，为防止混乱，我们仍保留十二个等级划分的传统方式。

有关经过正规工程设计的结构和经过抗震设计的结构如何处理的问题，是烈度表中非常关键和棘手的问题，其理由是：

——迄今为止有关这类经过正规工程设计的建筑物的地震破坏形式的系统性认识和震害经验还非常有限；

——在抗震设计规范中，对于经过正规工程设计的结构有各式各样不同的分类系统；

——在烈度使用及与烈度相关问题上，工程师和地震学家观点不一（比如，一般而言，工程师会过分强调与烈度相关的仪器数据的重要性，这势必会造成对烈度概念要求过高的危险）；

——在以前 MSK－64 烈度表或 MM－56 烈度表中，建筑物类型划分采用比较粗略的方法；也就是说，一般不考虑施工质量、结构规则性、材料强度和修缮状况等因素的影响，同时也不将其作为烈度划分的标志。

EMS－92 已采纳如下的意见：经正规工程设计的建筑物可以用于烈度评定，但仅以抗震设计原理为基础。“易损性分类表”的引入，是解决以上那些棘手问题的关键步骤，它提供了一套根据不同的建筑结构类型及与其相应的易损性类别（等级）进行烈度评估的方案。以往的烈度表，采用较死板的方式定义建筑物分类，即仅按建筑类型分类。这一易损性分类表是 EMS 烈度表的核心部分，它将经过正规工程设计的建筑物和未经正规工程设计的建筑物都纳入到统一的框架中——易损性分类表。从一开始就很明确，EMS－92 烈度表连同所采用的折衷方案，必须看作为一个实验或试用解决方案，其目的是收集更多的结构易损性分类信息及其使用经验，以便能做必要的改进。EMS－92 烈度表设定的试用期为三年，诚请此版本的使用者向“地震烈度表”

工作组主席提出进一步改进的建议。

在预期的 EMS－92 三年试用期的最后阶段以及经过在全世界范围的应用后，可以清晰地看出，新烈度表的使用有助于减少人为判断对烈度评定的影响。这决不意味着在所有的情况下采用新烈度表评定烈度，都会变得更加容易；但它却以一种更直接的方式让使用烈度表的人知道其疑难所在。人们非常赞成引入易损性分类表及新的破坏等级划分方式，尤其是烈度表使用指南及各附录都得到高度认可。可以通过适当的方式添加新的建筑类型或增补现有易损性分类表未能囊括的建筑类型。总的说来，将有关工程方面的内容纳入烈度表受到了工程师们的赞赏，这些议题曾作为地震工程国际会议上分会的主题，在 1996 年阿卡普尔科（Acapulco）召开的世界地震工程大会，甚至还设有 EMS－92 特别专题讨论会。在 EMS 烈度表中新增的易损性分类表和破坏等级划分的内容，便于保险公司、规划者及决策者在给定烈度下使用该烈度表作破坏程度或地震风险水平的假想推演。批评意见主要集中于在烈度评定的标准中没能重视地震对自然环境破坏的作用。EMS－92 的试用清楚地表明，只有试验性那部分，即经过正规工程设计的建筑物的应用，需要做重大改进。

考虑到还需继续努力去解决在使用经过正规工程设计的建筑物作为特征标志时出现的不一致问题，1996 年在雷可雅末克（Reykjavik）召开的欧洲地震委员会第二十五届全体大会上通过了一项决议，建议新地震烈度表先在欧洲地震委员会成员国范围内使用。

对 1994 年美国北岭地震（Northridge）、1995 年日本神户（Kobe）地震、1995 年希腊埃吉翁（Aegion）地震等的建筑结构破坏形式进行研究，其他几次地震，如 1996 年土耳其第纳尔（Dinar）地震、1997 年委内瑞拉加里亚哥（Cariaco）地震和 1997 年/1998 年意大利中部的几次破坏性地震事件的震害资料，提供了更多有关结构破坏的震害经验。尽管还没有形成共识，但是最终还是对结构易损性分类表进行了修改，以反映钢筋混凝土剪力墙结构和钢筋混凝土框架结构在抗震水平方面的差异，同时还引入钢结构及其易损性类别。关于破坏等级分类的措词做了新的部分调整。作为烈度定义的一部分的建筑物破坏程度的描述安排得更加清晰了。

EMS－92 的附录部分已纳入到 EMS－98 新增的“指南和背景材料”中，编委们意识到其中的几个小节有很显著的差异，原附录 B 中涉及经过正规工程设计的结构的内容改动很大。现在有关这方面的内容主要放在结构易损性一节中，并将它们整合成易损性分类表。EMS－92 的指南部分也做了修改、补充并重新编排。原附录 A 中用于说明易损性分类和破坏等级的大部分图片已被欧洲和日本震害资料的图片所替代。因为需要用单独的一组实例来描述易损性，所以现在的注释仅局限于说明结构类型和破坏等级。原附录 D 以范例说明如何评定烈度的内容又作了补充，增加了使用早期历史地震资料评定烈度的叙述。原来附录 C 中涉及如何将自然环境的变化用在地震烈度评定的实践中的局限性和争议，依据新的研究结果对其进行了修订。为了满足大家经常提出的愿望，我们编制了 EMS－98 简表（第 8 节）。尽管在简表的开头我们已明确声明，该简表不适合于地震烈度评定，但还是有被人们误用的危险。该简表主要是用于教育，比如在中小学校、大众媒体以及其他场合，为那些难以接触和掌握整个烈度表的人们简要解释烈度等级的意义。

回答在 EMS－92 和 EMS－98 的修订过程中不可避免地会出现“如果”和“但是”等诸多问题，已超出本引言的范围。在保持修订后的烈度表与原始的烈度表的一致性和那些对烈度表修订显然具有重要价值但又超出了地震烈度修订工作组既定工作目标范围之外的想法之间，寻求适当的平衡是非常必要的。其中有些好的想法在“指南和背景资料”中会提到（如，将强地面运动参数与地震烈度值相关联的问题）。另一些问题则是将来进一步修订地震烈度表时讨论的议题，其中的一个问题无疑是引入程式化过程（或算法），以使地震烈度评估计算机化。不过应该强调的是，给出这类算法并不在工作组既定的目标之内，工作组仅仅是为此打基础，也就是说，这次修订以定性和描述性的方式尽可能清楚地给出不同烈度值代表的实际含义。

从建立最初的 EMS－92 到最后的 EMS－98 的整个过程持续了将近十年（包括中间几次长时间的暂停），当然这对进一步积累经验是很重要的。现在给出的 EMS 版本应该是烈度表修订工作组后期的研究成果。进一步的地震烈度实践可能会使我们对地震烈度评定这一复杂问题，有更深入的认识。地震烈度表将来的应用或进一步需求也许会使地震烈度表有所改进，以此作为地震学和地震工程学的工具，划分地震对人类的影响、对人类活动环境中物体的影响、或者对作为人类社会基本元素的建筑物的影响。

地震烈度表

欧洲地震烈度表（EMS）所用的等级划分

结构（建筑物）易损性分类（易损性分类表）

结构类型		易损性类别					
		A	B	C	D	E	F
砌体结构	毛石结构、散石结构	○					
	土坯（砖）结构	○	─┤				
	料石结构	├---	○				
	巨石结构		├─	○	---┤		
	具有加工过的石块的无筋砌体结构	├---	○	---┤			
	具有钢筋混凝土楼板的无筋砌体结构		├─	○	---┤		
	配筋砌体结构或约束砌体结构			├---	○	─┤	
钢筋混凝土结构	未经抗震设计的钢筋混凝土框架	├---	---─	○	---┤		
	按中等设防水平抗震设计的钢筋混凝土框架结构		├---	─	○	─┤	
	按高设防水平抗震设计的钢筋混凝土框架结构			├---	─	○	─┤
	未经抗震设计的钢筋混凝土剪力墙结构		├---	○	─┤		
	按中等设防水平抗震设计的钢筋混凝土剪力墙结构			├---	○	─┤	
	按高设防水平抗震设计的钢筋混凝土剪力墙结构				├---	○	─┤
钢结构	钢结构			├---	─	○	─┤
木结构	木构架结构		├---	─	○	─┤	

图例: ○ 最可能的易损性类别； ─┤ 可能范围； ----- 可能性小的范围或异常情况。

砌体结构类型在以后行文中表述为，料石砌体结构；而钢筋混凝土结构类型则表述为，RC 框架结构或 RC 剪力墙结构。详细情况参见“指南和背景材料”的第 2 节，对经过抗震设计的建筑物也类似以 ERD 表示。

破坏等级划分

注：建筑物在地震荷载作用下的变形依赖于建筑物类型，作为一种概括性的分类方法，可以把砖石结构建筑物归为一组，将钢筋混凝土结构建筑物归为一组。

砌体建筑破坏等级的划分	
	1 级：基本完好至轻微破坏（承重结构没有损坏，非承重结构只遭受轻微损坏） 在个别墙上有细微裂缝，仅有小块抹灰掉落；只有非常少的情况，才会出现松散石块从建筑物上部掉落的现象
	2 级：中等破坏（承重结构遭受轻微损坏，非承重结构遭受中等损坏） 许多墙体出现裂缝；有相当大面积的灰泥掉落；烟囱部分倒塌
	3 级：显著破坏至严重破坏（承重结构遭受中等损坏，非承重结构遭受严重损坏） 墙上多处可见宽大裂缝。屋顶流瓦及滑落；烟囱在根部断裂；个别非承重结构（隔墙、山墙）破坏

续表

砌体建筑破坏等级的划分	
	4 级：毁坏（承重结构遭受严重破坏，非承重结构遭受严重破坏） 墙体严重损坏；屋顶和楼板部分破坏
	5 级：倒塌（结构遭受严重破坏） 全部或几乎全部坍塌

钢筋混凝土建筑破坏等级的划分	
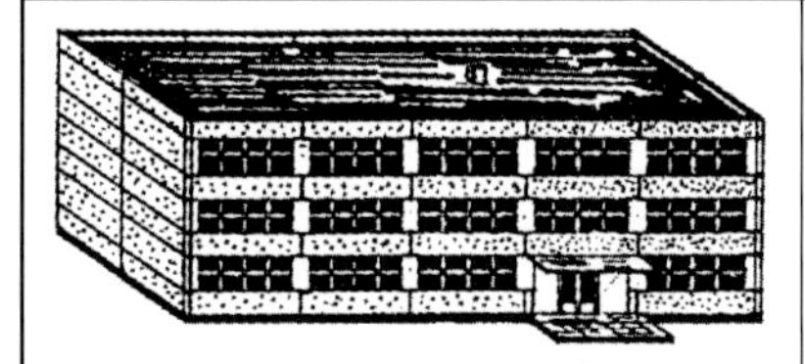	1 级：基本完好至轻微破坏（承重结构没有破坏，非承重结构只有轻微破坏） 底层墙体和框架构件的抹灰层有细微裂缝；隔墙和填充墙有细微裂缝
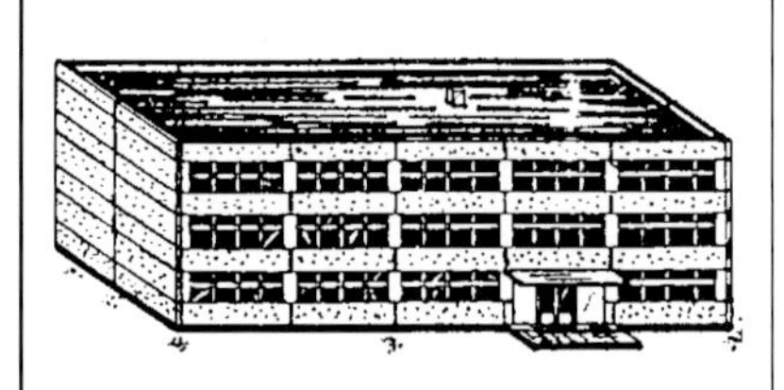	2 级：中等破坏（承重结构轻微破坏，非承重结构中等破坏） 框架结构的柱和梁出现裂缝及承重墙墙体出现裂缝；隔墙和填充墙有裂缝；易碎的钢筋保护层和灰泥脱落；混凝土碎块从墙体的连接处脱落
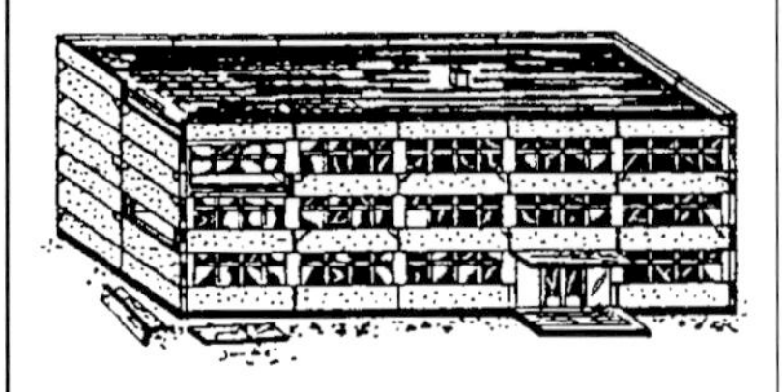	3 级：显著至严重破坏（中等结构损坏，严重的非结构损坏） 在底层的钢筋混凝土柱及梁柱节点及联肢墙的连接处出现裂缝；混凝土覆盖层龟裂剥落，钢筋屈曲；隔墙和填充墙出现大裂缝，个别填充墙破坏

续表

钢筋混凝土建筑破坏等级的划分	
	4级：毁坏（承重结构遭受严重破坏，非承重结构遭受非常严重破坏） 伴随混凝土压碎和钢筋受压屈曲失稳，承重结构出现大裂缝，梁钢筋锚固粘接失效，柱子倾斜；少数柱子倒塌；个别上部楼层坍塌
	5级：倒塌（非常严重的结构破坏） 下部楼层坍塌或者建筑物部分（比如翼楼）坍塌

数量词的定义

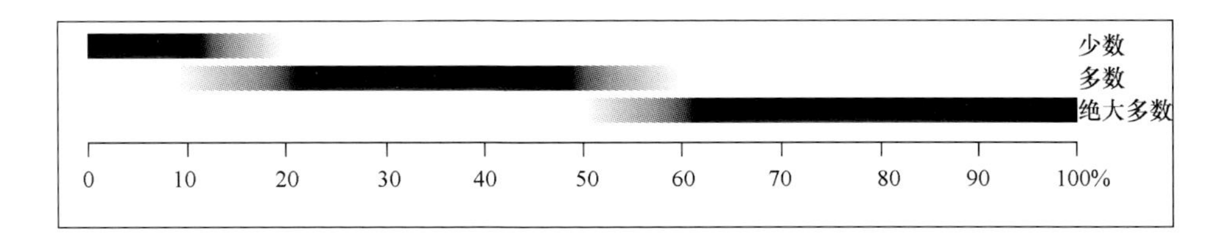

烈度的定义

烈度表内容的安排

a）人的感觉。

b）物体的反应和自然现象的变化（在第7节专门讨论地面影响和地质破坏）。

c）建筑物的破坏。

绪言

单个烈度值有可能包括相应较低烈度的震动影响，而不直接加以说明。

Ⅰ度——无感

a）无感，即使在非常安静的环境下也是如此。

b）无影响。

c）无破坏。

Ⅱ度——几乎无感

a）仅有极少数（少于1%）在户内特别敏感的位置且静止不动的人感到震颤。

b）无影响。

c）无破坏

Ⅲ度——轻微震颤

a）户内少数人感觉到，处于静止的人感到摇摆或轻微震颤。

b）悬挂物体稍有摆动。

c）无破坏。

Ⅳ度——能普遍观察到

a）在户内的多数人感觉到，户外非常少的人感觉到；少数人睡中惊醒；中等强度的震动并不令人恐惧；观察者感觉到建筑物、房间、床、椅子等有轻微颤动或摇晃。

b）瓷器、玻璃器皿、窗户和房门作响；悬挂物体摆动；少数情况下轻质家具明显晃动；少数情况下木制品吱吱作响。

c）无破坏。

Ⅴ度——强烈震动

a）室内绝大多数人和室外少数人感觉到地震；少数人惊慌失措，仓惶逃出；多数人睡中惊醒；观察者能够感到整个建筑、房间或家具强烈震动或来回摆动。

b）悬挂的物体晃动很大；瓷器和玻璃器皿互相碰撞发出声响；小的、顶部沉重或放置不稳的物体可能发生移位或翻倒；门和窗摇动或开或关，有时窗玻璃破碎，液体晃动并从盛满的容器中溢出；室内动物不安。

c）少数易损性类别为A和B的建筑物遭受1级破坏。

Ⅵ度——轻微破坏

a）室内绝大多数人和室外多数人有感；少数人失去平衡；许多人惊慌失措，仓惶逃出。

b）稳定性一般的小器物可能倒地，家具可能移位；少数情形碟子和玻璃器皿可能破碎；圈养的动物（即使在户外）表现出惊慌不安。

c）易损性类别为A和B的建筑物多数遭受1级破坏；易损性类别为A和B的建筑物少数遭受2级破坏；易损性类别为C的建筑物少数遭受1级破坏。

Ⅶ度——中等破坏

a）绝大多数人惊慌，试图逃出；多数人，尤其是位于上面几层楼的人，难以站稳。

b）家具被移动，顶部沉重的家具可能会翻倒；大量物品从架上掉落，水从容器、罐和池子里溅出。

c）易损性类别为 A 的建筑物多数遭受 3 级破坏，少数破坏达到 4 级；
易损性类别为 B 的建筑物多数遭受 2 级破坏，少数破坏达到 3 级；
易损性类别为 C 的建筑物少数受到 2 级破坏；
易损性类别为 D 的建筑物少数受到 1 级破坏。

Ⅷ度——严重破坏

a）多数人难以站稳，甚至在户外也是如此。

b）家具可能翻倒；电视机、打字机等物品掉落地上；偶尔墓碑会移位、扭转或翻倒；在非常松软的地表可见波浪状。

c）易损性类别为 A 的建筑物多数遭受 4 级破坏，少数破坏达到 5 级；
易损性类别为 B 的建筑物多数遭受 3 级破坏，少数破坏达到 4 级；
易损性类别为 C 的建筑物多数遭受 2 级破坏，少数破坏达到 3 级；
易损性类别为 D 的建筑物少数受到 2 级破坏。

Ⅸ度——毁坏

a）普遍感到恐慌；人们猛地被摔倒在地。

b）许多碑体和柱状物倒地或扭转；在松软地表可见波浪状。

c）易损性类别为 A 的建筑物多数受 5 级破坏；
易损性类别为 B 的建筑物多数遭受 4 级破坏，少数破坏达到 5 级；
易损性类别为 C 的建筑物多数遭受 3 级破坏，少数破坏达到 4 级；
易损性类别为 D 的建筑物多数遭受 2 级破坏，少数破坏达到 3 级；
易损性类别为 E 的建筑物少数受到 2 级破坏。

Ⅹ度——严重毁坏

c）易损性类别为 A 的建筑物绝大多数遭受 5 级破坏；
易损性类别为 B 的建筑物多数遭受 5 级破坏；
易损性类别为 C 的建筑物多数遭受 4 级破坏，少数破坏达到 5 级；
易损性类别为 D 的建筑物多数遭受 3 级破坏，少数破坏达到 4 级；
易损性类别为 E 的建筑物多数遭受 2 级破坏，少数破坏达到 3 级；
易损性类别为 F 的建筑物少数遭受 2 级破坏。

Ⅺ度——倒塌

c）易损性类别为 B 的建筑物绝大多数遭受 5 级破坏；
易损性类别为 C 的建筑物绝大多数遭受 4 级破坏，多数破坏达到

5 级；

易损性类别为 D 的建筑物多数遭受 4 级破坏，少数破坏达到 5 级；

易损性类别为 E 的建筑物多数遭受 3 级破坏，少数破坏达到 4 级；

易损性类别为 F 的建筑物多数遭受到 2 级破坏，少数破坏达到 3 级。

Ⅻ度——完全倒塌

c）所有易损性类别为 A 和 B 的建筑物和几乎所有的易损性类别为 C 的建筑物毁坏，易损性类别为 D、E 和 F 的建筑物绝大多数被毁。地震的影响达到了可以想象的最大程度。

使用指南和背景材料

1　烈度评定

1.1　烈度的特性

如本烈度表引言所述，这里所称烈度是指依据在一定区域内所观察到的各种地震后果对地面震动的强烈程度的等级划分。烈度表及烈度概念本身，在本世纪经过不断演变和发展，地震烈度由纯粹用作地震后果严重程度的等级划分，越来越多地发展为粗略度量地面震动的一种尺度。至少，地震烈度表已按此意义被使用着。

因此可以这样说，烈度表在某些方面类似于速记系统，也就是它将有关地震后果的冗长描述高度凝练为一个单一的符号（通常是一个数字）。以这种方式描述烈度有助于说明其局限性。烈度是以写实的方式描述和记录的，它不同于借助仪器测量的解析形式。烈度也具有分析和解释能力，确实是一个很有用的参数，其作用远超出地震后果记述的简单汇编的范畴。不过，使用者也必须牢记地震烈度的基本属性，对其不要寄予过多的奢望，以免超出地震烈度这一概念自身所能表达的含义。

任何烈度表都包含了一系列有关地震对一些常见物体不同影响程度的描述。这些物体可以看成是一些传感器，因为其地震动反应被用于度量地震动的强烈程度。而这些传感器并不是靠调查人员布设的专用设备——因为它们是正常环境的一部分，这些传感器极为普通，随处可见。这是烈度作为一个工具的最大优点之一：它不需要专门的仪器去测量。历史上曾作为烈度表的传感器可分为以下四类：

生物——人和动物。随着烈度的增加，（a）感觉到震动和（b）被震动惊吓的人或动物的比例也在递增。

普通物体——随着烈度的增加，越来越多的日常家庭用品（如陶器、书籍等）开始摇晃，进而翻倒或被甩落。

建筑物——随着烈度的增加，建筑物遭受的破坏越来越严重。

自然环境——随着烈度的增加，诸如堤坝裂缝、岩石崩落等现象发生的可能性也越来越大。

欧洲地震烈度表（EMS－98）主要关注以上四类中的前三类，这是因为第四类判据（传感器）的可靠性差，这个问题将在第7节中作详细说明。

地震对其中任何一个传感器的某一特定影响都可作为烈度评定的一个判据，例如“少数人惊恐外逃”就是那些可作为传感器的人的特定反应，在烈度表中它就被作震动强度V度的评定判据。描述烈度等级的标志是由几个评定判据组成的，烈度表的作者们认为这些评定判据都是反映同一地震动强度的。

当人们用烈度表评定地震烈度时，必须把在某一次地震中某一特定地点所能收集到的描述性资料与烈度表中的那些评定判据相对比，确定哪个烈度的评定判据与这些观察到的资料最吻合。简而言之，烈度表正是用这样的方式来评定烈度的。

EMS－98烈度表认识到了烈度的统计特性，即，在任何一个场点某类地震影响效应也许只是按一定的概率出现的，这一部分宏观地震现象所占的比例大小本身就反映了地震动的强烈程度。早期的烈度表常常仅描述地震影响效应，而没有定量比例的描述（数量词），这意味着当烈度达到一定值时，在所有的场点这类地震影响效应都是一致的。

1.2　EMS－98的结构

与之前的MSK烈度表一样，EMS－98是众多烈度表的一种，它们都源自以十个等级划分且被广泛使用的Rossi和Forel烈度表，Mercalli对此作了修改和Cancani将其扩展为十二个烈度等级，最后Sieberg以非常完整的方式将其命名为Mercalli-Cancani-Sieberg（MCS）烈度表。这个MCS烈度表，不但是MSK烈度表/EMS－98的基础，也是众多不同版本“修正Mercalli”烈度表的基础。这些以十二度划分的烈度表，颇为相近，实际的烈度数值也彼此相当，其区别只在于所采用的描述地震影响效果的复杂程度上。

与其他烈度表的主要区别是，EMS－98在烈度表的开头就对所涉及的不同术语作了详细定义，特别是建筑物类型、破坏等级和数量词，并分别考虑了这些因素在烈度评定中所起的作用。另外，在所有烈度表中欧洲地震烈度表首次采用插图的方式解释烈度表，以图片的形式准确地展示不同破坏等级的实际含义，第5节提供的实例照片可以将其与现场实际建筑物的破坏情况进行对比。使用这些插图的目的在于增强不同人在用烈度表评定烈度时的一致性。与此类似，增加了烈度表的使用指南（另一个创新），应该能够减少它的模糊性，清晰地阐明烈度表编制者的用意。

1.2.1 建筑物类型和易损性分类

在一个非常简单的烈度表里，不考虑建筑物强度高低的影响，直接将被破坏的某一类型的所有建筑物归为一类。这种做法固然便于使用，但问题是，在有建筑物类型可参照或比对的地区，则极有可能出现误差很大的结果。另一极端情形是，可以设想假如有这样的一个烈度表，只有知道建筑物的确切工程参数后，才能评定出导致建筑物达到所观察到的震害程度的地震动强烈程度。这种烈度表或许会很准确，但在实际中却无法使用。

欧洲地震烈度表采用了一个折中方案：使用一种对建筑物抗震能力简单划分的方法，称之为易损性，从而使得划分建筑物对地震动的不同反应有一定的鲁棒性。易损性分类表尝试以一种易于处理的方式对结构抗震能力进行分类，它既考虑了建筑物的结构类型，又考虑其他一些影响因素。以往的烈度表只是将建筑物类型与易损性对应起来。与之相比，欧洲地震烈度表，有了很大的发展。

Richter 组织编制的 1956 版“修订的 Mercalli 烈度表”，首次采用以字母来代表各种建筑物类型的表示方法，它也被 1964 版的 MSK 烈度表采用。这种细分方式不是出于建筑学的考虑，而是以非常粗略的方式反映结构的不同易损性水平。可以摧毁一土坯小屋的地震动，对建造质量很好的现代化办公大楼的影响却很小。很明显，除了建筑物类型外，建筑物的状况和其他因素也会对其易损性有重要影响。

EMS-98 的作者认为，在现有的实践经验中，有使用 MSK 烈度表经验的地震学家和工程师们，已经非正式地采用了改进后的易损性分类方法，他们所考虑的影响因素远不止建筑物类型。因此，EMS-98 需要引入一些改进后的易损性分类方法，将一些被认为最佳实践的结果明确地写入烈度表中。

易损性分类表以图形化的方式体现了上述意图。对每种建筑物类型，该表用一线段给出了它最可能的易损性类别及其可能的范围（以虚线表示不确定性）。只有全面考虑诸如失修状况、施工质量、建筑物形状的不规则性、建筑物的抗震设计（ERD）水平等因素，才能确定一座建筑物的易损性类别究竟落在此线段的哪个位置。详细讨论可参见第 2 节。

1.2.2 破坏等级

从某种意义上讲，破坏等级划分也是折衷考虑的产物。破坏等级划分的理想情况应该是，当破坏等级逐渐由 1 级变到 5 级时，其所表示的地震动强度应该是线性增加的。但在实际情形中很难做到，只能尽量为之，而这一点又受对破坏等级的描述方式影响很大，而所采用的描述方式又必须让使用者易于将各个等级区分开来。另外，还应该注意的是，烈度表并没有把标定每一个烈度值所对应的易损性类别和破坏等级的所有可能的组合全部列出；对于一个给定的易损性类别，通常只提及两个最高的破坏等级；假设有一定比例的建筑物遭受较低等级的破坏（参见 4.6 节）。

以往的烈度表，没有对不同类型建筑物各自的地震反应方式及破坏模式作相应的说明，而 EMS－98 不仅对各类结构的反应方式和破坏模式分别作了描述，而且以图示的方式说明了砌体结构和钢筋混凝土结构的各种破坏状态。对于经过正规工程设计和未经过正规工程设计的结构，它们的破坏位置和破坏模式也是互不相同的。

应该注意区分结构性破坏和非结构性破坏的差异，仔细区分主体（承重/结构的）体系的破坏和次要（非结构的）构件（如填充墙或幕墙）破坏的差异。对于经过抗震设计（ERD）的建筑物，我们还必须区分并提供有关特殊塑性区（例如剪力墙结构中连梁、预制墙体结构的节点或框架结构的梁节点）破坏的情况。

对建筑物内部及外部都进行检查的做法是可取的，因为外观很可能具有误导性（尽管有时出于安全的原因，很难做到这一点）。

在评定烈度时我们只应该考虑实际地震动造成的破坏，不应考虑地震引起的其他现象所导致的破坏。后者包括由于相邻建筑物间距的不足所造成的相互撞击、滑坡、边坡失稳和砂土液化等因素造成的破坏。与此相反，由于共振作用或由于地震荷载的强度超过了抗震设计（ERD）所预期的抗震水平而造成更严重的破坏，仍然是地震动直接影响的结果，在地震烈度评定时对此应予以考虑。

对经过正规工程设计且具有抗震能力的建筑物这一特殊情形，破坏等级可能不会随地震动的递增而线性增加。这可从基于多级设防的结构地震性能的现代设计原理得到解释。特别是：

a）小震不坏：按抵御发生概率高的小震设计的结构，在遭遇这类地震时不会有结构破坏和其他破坏，或只有不影响正常使用的轻微破坏。

b）中震可修：按抵御发生概率较低的中震设计的结构，显然允许遭遇设计地震时可以有轻微的非结构性破坏，但其使用功能不能丧失。

c）大震不倒：按抵御大震设计的结构会遭受结构性破坏，但其整体性和稳定性不得丧失。结构在大震下的破坏是允许的，但破坏等级不得超过 3 级。

这就有可能出现破坏等级在2级和3级就到达了饱和现象。从破坏调查结果来看，在有些情况下，这可能要求易损性类别的划分要依赖于烈度，也就是说，经过正规设计的工程和经过抗震设计（ERD）的结构的易损性类别趋向于随着烈度的增加而归于较低的易损性类别。

在进行余震破坏影响的调查时，应该清醒地意识到，建筑物在主震作用下已经有所损坏（可能看不见），这时结构比正常情况下的易损性要高得多，即更容易遭受破坏。在评定易损性类别时应该将这情形考虑进去。

1.2.3 数量词

烈度表使用的量化术语（“少数”、“多数”、“绝大多数”）为本烈度表提供了一种重要的统计要素。以一系列确切百分比的图示方式描述地震烈度的所有企图，不仅在实际中无法使用，而且还会破坏烈度表的鲁棒性。因此，有必要把这些统计量限定在较宽范围内。但是，这些术语的具体数字量化定义并非易事。假如将少数、多数和绝大多数定义为三个相互衔接的百分比范围（比如0~20%，20%~60%，60%~100%），就会出现如下不希望的结果，即在一些情况下，某些观察到的震害百分比增幅虽然很小，但只因它越过阀值，烈度值将提高一度；而在另外一些情况下，震害百分比增幅虽然相同，但因为它未越过阀值，就不需将烈度值提高一度。假如将少数、多数和绝大多数相互重叠范围定义得很宽（0~35%，15%~65%，50%~100%），当观测值（如25%）落在重叠区内时，就会陷入模棱两可的困境。然而，假如将少数、多数和绝大多数定义为区间互不衔接且间隔较宽（0~20%，40%~60%，80%~100%），也会出现类似的问题，一旦破坏百分比没有落在所定义的区间内，就会出现无可适从的困境。没有理想的解决办法，本烈度表采用了一个折衷方案，即采用具有较窄的叠加区间来定义“少数”、“多数”、“绝大多数”。采用折中方案定义这些术语的目的，是为了最大限度地实现烈度表的鲁棒性。在使用这里所定义的数量词时，务必牢记这一点。以精心设计的图示方式把数量词表示出来，就是为了强调数量词划分界限是模糊的而非清晰的。

假如一个精心确定的震害百分比刚好位于重叠区域，使用者应该依据相同地点的其他可用资料，按照更相吻合的原则，决定其所应划入的类别。

1.3 烈度与地点

从本质上讲，烈度是与地点相关的，通常只有针对指定的某一地点才能提及烈度，例如，“Pienza 的烈度为Ⅴ度”（或更确切地说，“Pienza 地震烈度被评定为Ⅴ度”）。比如像“地震的烈度为Ⅷ度”这种说法，由于它没有指明地点，是不合适的（尽管可以说“某次地震所观测到的最大烈度是Ⅷ度”）。

因此，在烈度评定之前有必要按地点将资料整理归类。我们必须核实：（a）用于一个给定的烈度评定任务的所有资料，确实来源于同一个地点；（b）已把关于那一地点的可用资料全部汇总。这些资料无论是来源于个人的问卷调查，还是来源于个人的野外观测，都应该将每个地点的资料加以综合，统计观测到某一判据的次数和未观测到某一判据的次数。

烈度的概念始终围绕这样一个思想，即：某一地点受某次地震的影响，地震动强弱程度是该地点所遭受的地震动的代表值。这就要求：首先，统计区要大到足以获得有统计意义的样本，而不会过多地受小范围的局部变化的影响；其次，它也不能太大，以免使真正的区域性差异被抹煞和掩盖掉。

因此，不能对单个建筑物或街道评定烈度，也不能对一座大城市或一个县只定一个烈度值。在通常情况下，最小不能小于一个村庄，最大不得大于欧洲的一个中等城镇。例如，对比雷埃夫斯（Piraeus）只确定一个烈度值是合理的，但对整个现代雅典城仅确定一个烈度值就不合适了。没有规定应严格遵循的规则，因为个别情况会影响使用者就特殊情况作出决定。

较为理想的情形是将比较均匀的场点赋以同样的烈度值，特别是土质类型比较接近的那些场点，否则所报告的地震动影响范围就可能很大。然而，这也不一定总是可行的，这依赖于所收集到的资料的精度以及其收集方式。如果一个城镇的工程地质条件差别很大（例如城镇的一半位于冲积的河岸，另一半位于高地），在进行烈度评定时就应该将其分开，分别评价其烈度值。

1.4 确定烈度值

烈度表是以理想化的“文字图像”的方式，描述对应于每一烈度等级下所预期的地震影响效果。烈度表中所描述的地震影响效果或许可看成是一种判据，或是一种检测，可以量度与之相对应的数据。确定烈度值实际上就是将观测到的数据与烈度表所描述的理想化的判据进行对照，看它与哪一烈度值下的判据最为吻合。

不要期望在所有的情况下，实际震害资料都能符合烈度表中所描述的每一个评定判据。例如，有些震害现象可能完全没有。因此，可取的做法是采用一种灵活的方式，在可用的震害数据范围内寻求最佳的匹配，而不是仅仅凭借一两个主要的判据，硬性套用程式化的方案。

虽在评定烈度时有主观因素的影响，但经验丰富的调查者之间很少会出现大的分歧。在大多数情况下，烈度评定是简单明了的，虽然经常会有难处理的情况，但都是例外的情形。尽管所编制的指南不可能涵盖所有可能发生的情况，不过以下的做法也许是有益处的。

在现实中，可用的震害数据往往并不会在每个方面都与烈度表所描述的判据相一致。假如出现这种情况，调查者就必须决定哪一等级的烈度与所观察到的震害数据符合得最好。要想做到这一点，重要的是要透过全部震害数据把握它们所反映的一致性方面，即把握震害现象整体的一致性问题，而不是仅仅将某一判据作为评定烈度的标尺。必须谨防给偶然极端的观察结果赋予太大的权重，否则会过高地估计调查地区的烈度。例如，以往人们过分依赖于结构破坏这一判据，造成的后果是将烈度值评定得过分高。当结构破坏属于零星点上个例甚至是异常的情形，仅凭结构破坏这一判据就会造成高估烈度的后果，比如依据结构破坏判据可能将烈度评定为Ⅶ度甚至更高，然而，其他震害数据总体均表明其烈度值较低。

有时震害数据是由文字描述的，其记录地震影响的用词或许与烈度表中的表述相去甚远。一旦出现这种情形，就应把该文字所描述的大意与烈度表中某一烈度的总体特征进行对比，这将有助于烈度评定。

假如当地所有结构的易损性类别均为 A，而且大多数或所有的建筑物都已毁坏，想分辨出该地的烈度值究竟是Ⅹ、Ⅺ，还是Ⅻ，是不可能的，这就是实际烈度评定中无法避免的破坏饱和效应。

有时不可能给出一个确切的烈度值，只能给出烈度可能的分布范围。这将在第 4.5 节中详细讨论。

第 5 节中的图片或许有助于破坏等级的评估。此外，第 6 节将介绍“由文献记载资料”和“由问卷调查资料”确定烈度的几个实例。其目的不是为了将它们作为严格遵循的样板，而是想借此说明烈度评定可采用的过程。

1.5 否定性资料的使用

在评定烈度时，一定没有出现过某种地震影响的信息，往往与一定出现过这种地震影响的信息同等重要，不应忽视这种否定性的资料。例如，有关“Slavonice 的居民对这次地震极度恐惧，但没有出现任何破坏”的描述，可以推断出：该地的烈度值不会超过欧洲地震烈度表的Ⅵ度。然而，仅仅因为没有报告某种破坏效应，就擅自假定没有出现这种影响，这种做法既危险又无效，除非有明确的理由可证明这种假定的正确性。假如报告中只提到“在 Slavonice 发生了一次令人恐惧的地震”，除非有好多理由认为：如果发生了破坏，作者就一定知道并会提到，否则就只能看作未知。

1.6 无效的推论

从烈度的统计特性可以知道：单一的地震影响从来都不可能是确定性的。当试图得出一个非肯定性的否定性的结论时，这点（烈度的统计特性）至关重要。例如，从某一地区有大量的古老细高塔尖这一事实，或许可以推断：该地区在过去总体遭受地震的影响程度相当低，但如果仅从有一个塔尖存在，就得出了自尖塔建成以来该地区从未超过这一烈度的结论，是不明智的。

1.7 高层建筑及其他特殊情况

在有些情况下，尝试采用某些资料来评定烈度，是不可取的。特别恰当的一个例子是有关高层建筑的观测结果。众所周知，位于高层建筑上部楼层的人可能会比位于下部楼层的人对地震动的感觉程度更为强烈。人们提出了各种方案，比如应按每隔几层楼层将其评定的烈度降低一度的建议，但是一直还没有找到能让大家普遍满意的方案。同样，超高层建筑的地震表现与其遭遇的地震动频谱特性及建筑物的设计有关。楼层地震反应强烈程度其随标高的变化可能是不规则的。建议的做法是，在评定烈度时，对所有来自五层以上观察者的报告都打折扣，尽管在实际中不同建筑物的实际地震表现变化很大，特别是这些地震表现依赖于建筑的高宽比。一般而言，使用者应重视正常情况下观察到的地震影响，而不应关注那些在特殊情况下的地震影响。

一种特殊的情况是，仅有的报告全部来自高层建筑，由于地震动太弱以至于只有位于高层建筑物上部楼层的人才能感觉到。这是烈度为Ⅱ度的典型的地震表现。

与高度一样，建筑物的对称性和规则性同样影响其在地震中的表现（见第 2 节）。就破坏而言尤其如此，其影响不仅局限于现代经过正规设计的工程，而且对所有类型的建筑物都是如此。设计的结构其规则性和对称性越好，其抗震性能就越强。

不应将有关灯塔、无线电发射塔、桥梁等特殊结构的观测数据用于烈度评定，同样，有关纪念性的建筑物（如大教堂）的观测数据，一般也不应将其用于烈度评定，但在有些例外的情况，也采用这些数据评定烈度，详见第 3.5 节。地下的震害数据也不容易与地面观测到的震害数据相比较，因此也不应将其用于烈度评定。

1.8 场地条件的影响

在开展地震烈度评定时，当遇到受场地条件影响的场地时，绝对不应该对这类场点置若罔闻，弃之不顾，也不能将其影响烈度值降低。土层放大作用或地形条件所引起的地震动增大的现象，既是记录烈度地震效应的一部分，又是工程环境所面临的危险性的一部分，不应将这种现象掩饰过去。如果在离地震影响强烈地区较远的冲积地带发现明显的地震影响异常区，正确处理的方法应该是，根据这些异常影响效果将该场点定为高烈度影响区。这就有可能将这些高烈度解释为土层放大作用（当然，尽管这仅是几种可能影响因素的一种）的结果。任何其他途径都会与烈度作为量度观察到的地震影响效应的基本属性相抵触。

1.9 表示方法

过去认为，烈度习惯上是用罗马数字来标记，这样，既可将其更清楚地与震级区分开来，又能强调烈度的整数特征。由于计算机对罗马数字不好处理，在某种程度上这一传统已经丧失。使用罗马或阿拉伯数字现在认为只是喜好而已了。

还有一套传统的符号表示烈度，以圆圈的大小表示烈度的大小，烈度值越高，所画的圆就越大。

2 易损性

烈度表中所有“易损性”一词均是用来表示建筑物对地震反应的差别。如果两组建筑物在完全相同的地震动作用下，其中一组的地震表现比另一组好，那么我们就可以说破坏较轻的建筑物比破坏较重的建筑物具有较低的地震易损性，或可以说成破坏较轻的建筑物具有较好的抗震性能，反之亦然。烈度表中“易损性”的含义与其他文章中“易损性”的意义未必相同。下面的讨论将以实例说明 EMS 是如何使用易损性这一术语的，其主要目标是说明如何评定易损性分类。

2.1 烈度表中建筑物的易损性——历史回顾

易损性的概念是建立现代烈度表的基础。破坏一座用泥浆—砖砌筑的劣质小屋所需要的振动强度与破坏一座结实的办公楼所需要的振动强度是不一样的，需要区分这种差别。这可以和地震动对可移动物体的影响相比较：甚至很轻微的振动都可以使放在桌子上的铅笔滚落到地上，然而要想将一台打字机抛到地板上就需较强的地震动水平。不考虑物体的类型，仅仅表明“物体被移动了”，是不能准确区分地震动强度差别的，与此类似，有必要区分建筑物的类型和建筑物的破坏状况。

早期设计烈度表的人们就已经认识到这一点。早期的烈度表没有划分建筑物类型，其使用范围只限于特定地区，即可以假定这些地区建筑结构类型单一，可称之为“均一房屋”，而不再做进一步细分。早期的这些烈度表也不能用来评定拥有大量钢筋混凝土建筑和钢结构的现代都市中心地区的烈度。后来设计烈度表的目的，是为了将其用于现代建设环境中，而且使其成为更加通用的烈度表，如 Richter 修订的 1956 版 Mercalli 烈度表，或 MSK（1964）烈度表，对这一问题都做了仔细的论述。他们根据结构类型将建筑物划分为几类，也就是根据抗侧力系统的建筑材料，将建筑物分成不同的类别。这样，就以建筑物类型对其易损性进行简单类比而分类。

这一点非常重要，需要特别强调。可以说，EMS 烈度表的重要创新之一，是以明确的方式对建筑物易损性类别进行划分。实际上，它与 MSK 和 MM 表有直接的继承性。MSK 和 MM 烈度表对建筑物进行类型区分，并非出于美学方面的考虑，而是因为这是一种处理结构易损性简单易行的方法，尽管它们没有明确使用易损性一词。不过，自从提出那些烈度表以后，人们已经意识到仅根据建筑物类型对其易损性做分类，是很不够的。首先，人们发现，虽属同一类型但不同建筑物强度之间的差异与不属于同一类型的建筑物之间的差异常常一样大，这就使得在评定烈度时会出现许多问题。其次，当遇到添加新的建筑物类型时，这样的系统就显得相对呆板一些。

2.2 建筑物类型和易损性分类表

MSK 烈度表尝试仅以结构类型划分结构类别的方式粗略地定义了建筑物的易损性。EMS 烈度表则试图前进一步，使所划分的结构类型能直接表征结构的易损性。从而提出了六个易损性类别（A～F），易挽性依次减小，其中，前三个分别代表“典型的”土坯房屋、砖砌建筑及钢筋混凝土（RC）结构，它们应该是与 MSK－64 和 MSK－81 烈度表中的 A～C 建筑物等级相当。采用易损性类别 D 和 E 是为了描述结构易损性准线性下降的，这是结构抗震设计水平提高的产物，另外，施工质量良好的木制结构、混凝土结构、约束砌体结构和钢结构具有一定的抗震能力，易损性类别 D 和 E 也是为此而提出的。易损性类别 F 旨在描述具有很强抗震设计水平的结构易损性，即它代表那些经过专门抗震设计且具有很高强抗震能力的建筑物易损性。

在现场评定普通建筑物易损性时，显然，第一步是确定建筑物类型，它给出了基本的易损性类别。欧洲最常见的建筑类型在易损性分类表中各列一条，给出最可能的易损性类别，同时给出其可能范围。易损性分类表中的建筑物类型主要分为四类：砌体结构、钢筋混凝土结构、钢结构和木结构，以下将详细讨论这些结构类型。

烈度表包含了有关欧洲最主要的建筑物类型的条目。限于篇幅所限，建筑物类型表做了必要的简化。我们已经意识到该表是不完整的，有些建筑物类型（如土坯房、木结构）如能进一步细分是有益的。有关引入新的建筑物类型的一些基本想法会在第 2.5 节中介绍，但这不是一个轻易就能讨论清楚的问题。

2.2.1 抗震性能概述

构建易损性分类表时，首先按建筑物类型作主要划分。然而，当笼统地考虑建筑物抗震性能时，人们就可以根据不同设计特性再做更细致的划分。

抗震能力等级最低的结构是未经抗震设计（ERD）的建筑物。这些结构有的经过正规工程设计，有的未经过正规工程设计。经过正规工程设计的这类建筑物主要位于地震活动性较低的地区，这些地区没有抗震设计规范或仅有推荐使用的抗震设计规范。早期的烈度表仅仅考虑这一等级的建筑物。

第二个等级的建筑物是经过抗震设计（ERD）的建筑物，即建筑物是按规范设计和建造的。遵循一些设计原则，包括开展地震危险性分析和编制能描述预期地震作用的各种参数的地震区划图。在地震活动地区能见到这类经过抗震设计的建筑物。这类建筑物可能包括砌体结构、钢混结构和钢结构。EMS 烈度表首次将这类经过抗震设计的建筑物作为烈度评定的判据。

抗震能力等级最强的结构是采取了特殊抗震措施的建筑物，如基础隔震结构。这些建筑物在地震载荷作用下表现很特殊，除非在一些极个别的情况下基础隔震装置失效，它一般不会受到破坏。绝对不能使用这类抗震能力很强的建筑物来评定烈度。

具有现代结构系统且经过正规工程设计、但没有考虑侧向地震荷载作用的建筑物，这类结构虽未经抗震设计，仍然具有一定的抗震能力，这类结构的抗震性能与经过抗震设计的结构的抗震性能，具有可比性。同样，也可认为经过抗强风设计的建筑物具有抗震能力。施工质量良好的（未经过正规工程设计的结构）木结构或砌体结构的抗震性能可与经过抗震设计的建筑物的抗震性能相比拟，其易损性类别为 D，极少情况下其易损性类别为 E。这也适用于那些采用了特殊加固措施的建筑物（包括翻新）。未经专门加工的平整石块砌筑的结构，假如其加固得很好，它的抗震性能也会比其通常的结构易损性类别要低。

应该指出，为简化起见，将未经抗震设计（ERD）的钢筋混凝土建筑物和那些虽经抗震设计（ERD）但其抗震等级较低的建筑物合成一类，因为总体而言它们地震表现相似。其典型（最可能）的易损性类别为 C。这完全不是轻视抗震等级较低的结构的效用，只是变换了一种形式反映其抗震能力较差。仅在极个别情况下将抗震能力较低的钢筋混凝土建筑物的易损性类别提到 B，将未经专门抗震设计的相似建筑物的易损性类别为 B，在极个别情况下将其易损性类别定为 A。

以往常常忽视水平侧向构件对确定建筑物地震性能的重要作用，至少对砌体结构是如此。一座建筑物楼板的强度或其他水平向加劲构件，常对决定建筑物易损性分类起关键作用。要注意的是，从建筑物的外面判断其楼板和水平部件的类型，可能是很困难的或者是不可能的，为了在现场能够正确地评定建筑物的易损性类别，应尽一切可能同时还检查建筑物内部情况，这一点极为重要。

2.2.2 砌体结构

2.2.2.1 毛石/散石房屋

它们是传统的建筑物，通常是用未经加工的石头和质量很差的砂浆等基本建筑原料砌筑而成的，重量大，几乎没有抗侧向荷载的能力。楼板通常为木质，不具有水平向刚度。

2.2.2.2 土坯/砖房

在许多能找到合适黏土的地方都可以见到这类房屋。建造土坯房的方法很多，因而它们抗震能力也各不相同。不用砖砌筑的土坯墙体既缺乏弹性又不坚固；砖砌体房屋的地震表现主要依赖于砂浆的质量，当然也和砖的质量有关，只是其依赖程度没有砂浆那么强而已。房顶的重量是影响这类建筑地震表现的一个重要因素，沉重的屋顶是一个不利条件。具有木构架的土坯房，其强度增加，抗震能力也相应增强。相对而言，土坯房屋的墙体更容易遭受损坏，其木构架则由于具有较好的延性而能保持完好。有些具有木构架的土坯房，梁和柱没有连接在一起，尽管它也能提供额外的水平刚度，抗震能力得到增强，但其抗震能力却比不上梁柱相连接的木构架房屋。

欧洲有些地方能够见到一种被称作“抹灰篱笆墙”的建筑物，它采用木制框架，内部用板条覆着黏土填充，这种建筑物和土坯/木结构建筑物相似。

2.2.2.3 料石砌体结构

料石建筑与散石建筑的区别是，这类建筑物所用的石头在使用前经过了一些修琢。按照一些技术要求将这些加工过的石头放置在结构中，提高了建筑物的强度，比如将比较大的石块置于墙体拐角处，把它作为拉接件使相邻墙体连接起来。通常将这类建筑物的易损性类别定为B，只有在养护状况很差或者砌筑质量特别差的情况下，这类房屋的易损性类别才定为A。

2.2.2.4 巨石结构

用巨石建造的建筑物通常仅限于纪念性建筑物、城堡或大的市镇建筑物等。像大教堂或城堡等这类特殊建筑物通常不能用于烈度评定，其理由将在第3.5节说明。然而，一些拥有19世纪这类公用建筑物的城市也许可以用它们来评定烈度。一般而言，这些建筑物的强度很高，抗震能力较强，易损性类别一般定为C，对施工质量较好的少数情形，其易损性类别甚至可定为D。

2.2.2.5 无筋砖砌体/混凝土砌块砌体

这种很常见的建筑物类型是最初MSK表中典型的“B”类建筑，其他类型建筑物的抗震能力，是通过与它对比加以确定的。关于这类建筑物可参见Eurocode 8（第8号欧洲规范）中“经过加工的石头砌体”一节。这类结构的共性为，建筑材料经常很差，其易损性类别仅为A。只有在极个别情况下，才会有建造良好结构，其易损性类别可达到C，这些房子要么是为富人建造的，其房屋大且标准高，要么是建在需要抗御侧向风载荷的地方。这类结构的特征为，未采取特殊的措施改善其水平构件的抗震能力，楼板通常是木制的，属于柔性结构。

一般而言，这种建筑物开孔的数量、尺寸和位置对其易损性会有影响。开孔大、窗间墙小、屋角小及缺少与之垂直的加劲构件的长墙，都会使建筑物更易受损。特别需注意的一个问题，是那种有内、外两层皮的空心墙的系统，如果其连接不当，就会产生弱墙，其地震表现很差，抗震能力很弱。

2.2.2.6 具有钢筋混凝土楼板的无筋砖砌体

尽管对观察者而言，建筑物的墙体是最易看到的，但实际上在确定结构抗御侧向载荷的能力时，建筑物水平向构件的作用更为重要。因此，具有钢筋混凝土楼板的无筋砖墙砌体的房屋抗震性能明显优于普通砖砌体；用带圈梁的刚性楼板将墙体连接与锚固在一起的建筑物，形成箱形系统，有效地减少墙体出平面倒塌的危险，或者减少相互垂直交接的墙体出现分离和滑移的危险。只有确保钢筋混凝土楼板和结构的正确连接，才能提高结构的抗震性能，而实际情况并不总是如此。对连接适当的这类建筑物，其易损性类别很可能达到C，否则只能达到B。

2.2.2.7 配筋砌体和约束砌体结构

这部分涉及各种各样的采用不同办法以提高其抗震性能及延性的砌体结构。在配筋砌体结构中，将钢筋或钢网用灰浆或砂浆埋入洞中或者嵌入砖块的层间，形成复合材料，其作用就像延性好抗震性能高的墙体系统。在水平和垂直两个方向都有这类配筋。约束砌体结构的特征是，砌体四周的承重柱与梁之间有刚性连接，以期获得相近的抗震能力。在这些情况下，并没有指望相互连接的构件发挥抗弯矩框架的作用，大多数砌体仅起非承重填充墙的作用。在某些地区发展了一种将石头咬合起来的特殊石头体系，它不使用混凝土，这种建筑物的抗震性能也很好。另外有一个称之为灌浆砌体的有效系统，这种墙的内、外两层都是由砖砌筑的壳，再用带水平和垂直配筋的混凝土芯墙将它们连接起来。在这种情况下，如果黏结力较弱或者砖砌壳没有连接好，就可能出现问题。这种系统总体的抗震能力应该和配筋砌体结构的抗震能力相近，尽管目前关于这类建筑物的经验还很有限。

2.2.3 钢筋混凝土结构

这类建筑在现代化的都市里非常普通，其外观、设计和强度变化很大，编制一个如何处理这类建筑的简单指南是很困难的。依据抗震设防水平易损性分类表对此种建筑物作了分类，如何使用这一分类表将在第2.4节讨论。

2.2.3.1　钢筋混凝土框架结构

钢筋混凝土框架结构的结构体系是由梁和柱构成的，梁柱通过抗弯和抗剪节点的集合构成了框架体系。钢筋混凝土框架结构能够承载垂向和侧向载荷。钢筋混凝土框架的抗震性能取决于柱的高度与梁的长度之比，以及梁柱横截面的承载能力。弱柱强梁系统抵抗侧向载荷的能力比较差。钢筋混凝土框架结构极其常见，普遍使用，但通常认为该类结构的抗震能力的离散性最大。在有些情况下，钢筋混凝土框架结构的易损性与土坯房屋及料石结构的易损性相当，如果不考虑这类结构易损性的可能分布范围及少数个例的影响，直接将其易损性类别定为易损性分类表中的钢筋混凝土结构最可能的易损性类别，就会高估地震烈度。一旦钢筋混凝土框架结构出现了破坏，常常引人注目。在以往地震中所观测到的震害现象，暴露出典型的设计缺陷，揭示了反复出现的破坏模式的原因。应该避免系统的承重结构的刚度和承载能力在横向和纵向出现差异。使用者可以考虑柱截面的高宽比及框架间的横向耦合情形作为判断某一个方向（可能是纵向）薄弱的标志。

在多数情况中，结构体系经常是带有砖填充墙的钢筋混凝土框架结构。钢筋混凝土框架和脆性填充墙之间可能出现的相互作用，常会使体系更易受损。由于这种相互作用，柱和节点还得承受额外的附加载荷，一般而言，设计时并未考虑这种附加荷载的影响。如果填充墙有开孔或有其他的不连续性，就有可能出现短柱效应，使柱发生剪切破坏（柱的钢筋倾斜造成交叉裂缝）。这也是建筑容易受损的一个标志，甚至即使经过抗震设计的建筑物也是如此，它反映了该结构实际的抗震能力可能会比那类结构本应具有的最可能的抗震能力低。

钢筋混凝土框架（对钢结构和木结构也是如此）的抗震设计是与特定破坏模式相关联的。抗震设计规范规定破坏区应该出现在端梁节点，不允许出现在柱或梁—柱节点。然而，破坏仍然经常集中于柱上。一旦混凝土保护层分离，就应该对所有关键部位的钢筋及箍筋间距进行检查。钢筋的这些细部设计是结构内在设计特性和最终（实际的）抗震能力的体现。

钢筋混凝土框架结构的地震易损性受多种因素的影响，如前面提到的建筑物的规则性、质量、施工质量和延性等。沿高度侧向刚度的突变极易使钢筋混凝土框架结构遭受破坏。底部薄弱的楼层可能造成整栋建筑的倒塌。这些类型的建筑很容易受到侧向载荷的损坏。如果建筑物在底层平面内布局不规则，破坏就会集中在远离刚度中心的地方，也就是说，如果有些边柱受到损坏，应该将它作为扭转效应和该框架结构为易损框架的一个标志。在确定结构最可能的易损性类别时，不应该忽略以上所描述的这些效应及破坏模式。

2.2.3.2 钢筋混凝土剪力墙结构

一般而言，钢筋混凝土剪力墙结构的特点是：垂向构件支撑其他构件，并有长宽（厚）比大于4的细长的横截面，且/或局部截面受到约束。如果以规则的方式，通过连梁将两片或多片剪力墙相耦连，那么这种结构体系就称为联肢墙结构，根据现代抗震设计原理，连梁应具有足够的延性并设计为耗能的地方。影响结构易损性的因素有：开孔大、沿高度方向剪力墙不连续及建筑物立面形状突变及底层中断（形成软弱层）。

钢筋混凝土剪力墙结构的特点是，其刚度比钢筋混凝土框架结构的大。如果剪力墙布置不规则，且没有沿所有周边布置，就会出现扭转效应，使结构体系遭到局部破坏。平面布局的不规则性和内部缩进的不规则性都认为是严重的缺陷，即使从外面看似均匀的结构也不例外，这些缺陷也许是结构易损性出现异常情形的原因。

与钢筋混凝土框架结构相反，钢筋混凝土剪力墙结构的易损性类别的可能范围比较小。由易损性分类表可以看出：例外的情况只限未经抗震设计的剪力墙结构的易损性类别落到B和经抗震设计的剪力墙结构的易损性类别落到C。还有几种结构体系，它由空间框架体系和剪力墙体系混合而成的组合结构（所谓双重体系），或由一柔性的框架与集中分布在中心附近的剪力墙或沿一个方向对称布置的剪力墙组合而成（所谓芯筒体系）。通常认为这种芯筒体系的延性比框架结构、剪力墙结构或双重体系的延性差。

2.2.4 钢结构

这部分探讨主体结构体系是钢框架的建筑物。从现有的地震烈度评定经验看，迄今为止钢结构的震害资料很少，这倒也正好说明钢结构具有较高的抗震能力。结构性破坏也许被非结构性构件，例如复合体系中的维护墙、幕墙或混凝土附加层（用来防火）所掩盖。如果出现这种情况，只有将混凝土覆盖层去掉，才能看得到框架节点的破坏。

在确定钢结构的抗震水平，进而确定其最适合的易损性类别时，不仅要考虑加劲系统，还要考虑节点的连接类型。体系的整体延性是由抗侧力结构（即框架类型和支撑类型）决定的。对没有特殊抗震措施或未经抗震设计的钢框架而言，其可能的易损性类别为D。对柱子有影响的那种支撑体系（K型支撑）的抗震性能较差，它的易损性类别应定为C。大多数情况下，抗弯矩框架、具有钢筋混凝土剪力墙/芯筒的框架、有偏心的或X型及V型支撑的框架具有抗侧向荷载的能力，它们具有延性，其最可能的易损性类别是E。假如经抗震设计其抗震能力得到改善，它可能的易损性类别是F。抗弯矩钢框架结构可能的易损性类别依赖于其抗震设防水平，将在第2.3.7节中讨论。

2.2.5 木结构

由于木结构在欧洲大部分地震活动区并不常见，因而对其只做简单的处理。尽管木结构的柔性随环境变化很大，但正因为此乃其固有的特性，木建筑的抗震性能较好。节点松动或木材腐朽都使木结构容易受损而倒塌；值得注意的是，在1995年日本神户地震中，城市部分地区的传统木制房屋很陈旧，其地震表现很差。这是一个很好的例证：建筑物易损性不仅取决于建筑物的类型，还依赖于一些其他的因素。

需要仔细考虑能提供抗侧力的体系。如果梁和柱用钉板（石膏或其他脆性材料）连接，如果它们连接不牢固，一旦连接失效，建筑物就会遭到破坏。这类木制结构的典型易损性类别为C，应该将它们与那种具有抗侧向荷载能力的木框架结构区分开来。木结构的延性依赖于连接点的延性。

将来应该对烈度表做一些改进，使木结构也能在烈度表中像处理其他结构那样加以处理。这些改进包括：将木结构进一步细分为不同的组，并增加木结构破坏程度的详细描述。而本烈度表，只对砌体结构及钢筋混凝土结构的破坏状态做了详细描述，却未对木结构做相应的描述。

2.3 影响建筑物地震易损性的因素

除了结构类型外，影响建筑物总的易损性的因素有许多。无论是经正规工程设计的结构，还是未经正规工程设计的结构，无论是经抗震设计的结构，还是未经抗震设计的结构，这些因素对所有建筑类型的易损性都有影响。

2.3.1 建筑材料质量和施工质量

建造质量好的建筑物比建造质量差的建筑物更坚固，这是常识，然而以往的烈度表并未考虑这一影响，毫无疑问，其中部分原因是很难去界定什么是“好”，什么是“差”。甚至根据个人的观点去辨别建造质量的好坏，可能也比不考虑建造质量的影响要好。使用优质材料和采用优良建造技术建成的建筑物的抗震能力，比使用劣质材料和粗劣工艺建造的建筑的抗震能力强。就材料而言，砂浆的质量特别重要，假如砂浆的质量好，即使用毛石也能砌成相当坚固的建筑。施工质量差，包括粗制滥造和偷工减料等，例如未对结构的部位做妥善的联结。如某建筑虽经正规工程设计但施工质量差，所建成的结构实际上没能满足相应的抗震设计规范的有关规定。

2.3.2 维护状况

一座建筑物维护得好，其他各种因素所决定的抗震能力才有可能发挥出来。任其破败的建筑物可能会很不牢固，足以将其易损性类别变动一档（注：易损性增加）。那些废弃不用的建筑物或者年久失修的建筑物就属于这种情况。特别要提到的一点是，对于已经受损的建筑物（通常是由于先前遭到一系列地震的破坏），这些建筑抗震能力非常差，相当小的余震就能使在主震已受损的建筑物遭受破坏（包括倒塌），而且余震破坏的建筑物与主震破坏的建筑物不成比例。

应该注意的是，从外表上看一栋建筑物维护得不错，这只是建筑物美学的保养，即刷了新的灰泥和很好的涂料，但它并不代表该建筑物的结构体系也维护得好。

2.3.3 规则性

就抗震性能而言，理想的建筑物应该是一个立方体，它所有内部刚度的变化（如电梯井）都应对称布置。我们遇到的大部分建筑物或多或少都对理想方案做了改动，由于这种建筑物不仅削弱了它的功能并且也影响其美观。建筑物越不规则或越不对称，就越容易遭受地震破坏。建筑物震害现象已经表明，结构的不规则性对结构破坏有明显影响（例如薄弱层的倒塌）。

考虑现行规范（即第 8 号欧洲规范）的发展，经过设计的建筑物必须按照它们结构的规则性来进行分类，它们结构的规则性是基于：整体参数（尺寸、几何比例）及其整体和局部结构偏离平面和立面规整的程度。对未经过正规工程设计的建筑物也是如此。规则性应该从整体的角度考虑，即规则性不仅仅是指从外表看平面和立面对称。本烈度表所指的规则性有两方面的含义，其一是建筑物本身的特性，其二是对经过正规工程设计的建筑物所采取的措施，以便在地震作用下建筑物反应简单或能控制在一定限度内。对正规工程设计的结构，为确保其规则性所采取的措施应该与抗震设计规范相一致。

显著的不规则性很容易识别，例如，经常遇到将平面设计成 L 型或其他类似形状的建筑物，它们容易受到扭转效应的影响，其遭受破坏的可能性剧增。仅仅依据它外表尺寸的对称性就判定该建筑物满足规则性标准的要求是不明智的。即使从在平面上看是规则的，但其内部构件布置使其刚度变化，也可能在建筑物中出现不对称的情况。电梯和楼梯井这些位置都是需重点关注的地方。

经常会遇到有些建筑物的某一层（通常是最低层）明显比其他层薄弱：

开间大，没有墙，仅以柱子支撑上层。这就是为众所周知的软弱层，软弱层很容易倒塌。沿建筑物横向连续分布的窗户带也可能引起类似的效应。

有些建筑物在翻修前对称性很好，大修后可能就不再对称了。例如，将建筑物的第一层改造成车库或商店（成为软弱层）就可能削弱其对称性。在扩建时将已有的建筑物加长也可能破坏其平面规则性，致使整个结构的刚度和周期发生变化。旧的砌体结构可能后来经过大规模的改建与扩建，使楼板错层、基础位于斜坡上致使高低不平等等。

2.3.4 延性

延性是描述超出弹性范围以后建筑物承受侧向载荷能力的一个指标，即通过耗散地震能量使所产生的破坏控制在一定范围内或集中于局部，这取决于建筑类型和结构体系。延性可以是建筑类型的一个直接函数：与延性较差的脆性砖房相比，建造良好的钢结构房屋具有很好的延性，因此它具有很好的抗震能力。对于经过抗震设计的建筑物来说，决定建筑物动力特性的参数（刚度和质量分布）应加以控制；应该通过地下、基础与结构构件之间的耦合，确保能量的转化和耗散，避免破坏（断裂）集中于局部的关键部位。

2.3.5 位置

一栋建筑物相对于邻近的其他建筑物的位置，也会影响它的地震表现。对市内街区的一排房子而言，通常两头把边或拐角处的房子遭受的破坏最重。房屋有一侧与相邻的房屋锚固而另一侧却没有，建筑物整体刚性出现不规则性，将加重结构的损坏程度。

严重的损坏可能是由于自振周期不同的两栋高层建筑靠得太近而造成的。地震发生时，它们以不同的频率晃动并相互碰撞，造成大家熟知的碰撞效应。这种损坏并不反映地震动的强度，在进行烈度评定时应该扣除这方面的影响。

2.3.6 加固

为提高抗震性能而采取的加固措施，其效果是产生新的复合类型的建筑。它们与原来的、未做改动的建筑物在地震时的表现可能大相径庭，以旧的散石砌体为例，如果采用替换楼板或插入拉杆的方式，改善水平构件的抗震性能，就可以把其易损性类别变到 B。除此之外，如果还灌注了砂浆、环氧树脂或打钢筋混凝土封套，那么它在地震作用下的表现可提高到与经过抗震设计的建筑物相当的水平。

2.3.7 抗震设计（ERD）

为了编制地震烈度表，不可能对经过设计的建筑物进行完全分类，以反映各个国家抗震设计规范的差异和改进。有必要召集欧洲或其他国家的知名专家，就结构的抗震设计水平与其易损性类别的相关性展开讨论，研究各类典型结构的易损性类别与其抗震设计水平之间的关系。应该主要依据设计规范所规定的抗震水平，对经过正规工程设计的各类典型建筑的易损性函数进行评估。不同国家的抗震规范所预期的抗震能力是不同的。各个国家的抗震规范所预期的抗震水平及其目标是不统一的，任何一个国家或地区的设防水平及其目标都可能随时间而变化。实际的易损性类别应由最终的（实际的）抗震设计水平而定，由于其他因素的影响，它可能与规范所规定的抗震水平有所不同（尽管大部分情况下并非如此）。

2.3.7.1 规范规定的抗震设计

假定位于地震分区（译者注：设计地震动区划图）i 的建筑物是其按所在场点的地震烈度（或地面运动）和土层条件确定的地震动设计和建造的，经过设计的建筑物就应按其所具有的抗震水平进行分类。抗震设计由各国的国家抗震规范制约。

抗震设计水平是按与地震分区（注：地震动参数区划图）i 直接相关的设计参数（烈度、地面运动峰值、基底剪力）分类的。因此，建筑物有可能依据所在国建筑抗震设计规范定义的地震分区（注：设计地震动参数区划图）对抗震规范规定的抗震水平作出估计，进而对经正规工程设计的结构的抗震等级 ERD-i 作出估计。可以假定每个建筑物都可以标出其等级 ERD-i，这里的 i 即可表示设计地震水平，又可表示其抗震水平。

通常，一个地区或城镇可只用一种抗震等级 ERD-i 来表征，但为了烈度评定，还需收集区域内建筑物分布或其所在场地条件的信息。如果一个地区或城镇的建筑物是按不同的抗震设计规范设计建造的，那么这个地区或城镇可用几种不同抗震等级 ERD-i 来表征。

抗震等级可分为以下三类：

ERD-L 类：具有较低或最低抗震水平的建筑物。

抗震等级属于这类的建筑其特点是结构参数有限（有时采用简化方法进行计算）。重要程度不高的建筑物，有时本应加上去的地震载荷被忽略不计，这类结构（为提高建筑物的延性）所采取的抗震构造措施并不典型。它们广泛分布于地震活动水平较低或中等的地区（通常，这类建筑物按地震烈度Ⅶ度或基底剪力系数 2% g ~ 4% g 设计）。经过正规工程设计的建筑（由于它的规则性和施工质量较好）具有一定的或与这个水平相近的抗震能力，其抗震水平与按较低抗震设计水平设计建造的建筑物的抗震能力相当。因此，未经抗震设计的钢筋混凝土建筑和 ERD-L 类钢筋混凝土建筑被认为在易损性分类表中应归于同一类别。

ERD-M 类：经过设计且具有中等（改善的）抗震水平的建筑物。

抗震等级属于这类的建筑其特点是按抗震规范设计。部分结构（为提高建筑物的延性）采取特殊的抗震构造措施。这类结构主要分布于中等地震活动地区或强烈地震活动地区（通常，这类建筑物的设计地震烈度为Ⅷ度，基底剪力系数大约为5%g～7%g)。

ERD-H 类：经过设计且具有高（合乎要求）的抗震水平的建筑物。

这类结构的地震载荷是用动力方法计算的。采用了确保结构为一延性系统的特殊的抗震构造措施，以便将地震能量分散到整个结构并主要消耗在塑性铰处，而不引起结构破坏。在地震活动强烈的地区应该建造这类建筑物（通常，这类建筑物的设计地震烈度为Ⅸ度，基底剪力系数大约为8%g～12%g)。在欧洲各国，并不都能达到这一抗震设计水平，而且也不是普遍要求按这一抗震设计水平进行设计。这类建筑物的特点是采取了特殊的抗震措施（能力设计)，使结构体系具有较好的延性和控制结构的塑性化机制。

在同一设防烈度区内，建筑物的抗震水平应保持相对一致。当一个区域内的建筑物是按不同的抗震设计规范设计建造的，例如，原有规范更新或被新的规范取代，建筑物的抗震水平会出现不一致。

2.3.7.2　重要性

考虑到规范的发展，必须考虑经正规工程设计的建筑物的重要性，就同一种建筑类型而言，有可能因其重要性的不同而采用不同的抗震设计水平。建筑物的重要性取决于以下因素，如居住者或访问者的数量、建筑物的用途（或其中断使用而造成的后果）或一旦建筑物破坏将对公众和环境造成的危害。

在不同的欧洲抗震规范中有关重要性的分类，不仅互不一致，而且明显有差异，这和地震载荷放大因子（重要性因子）的定义有关。在特殊情况下，重要性较高的建筑物是按较高的设防水准（地震危险水平较高或较高的烈度等级）对应的载荷设计的。应认真考虑重要的建筑或潜在风险高的建筑的最终设计载荷水平。一般而言，可以假定这类建筑物属于抗震设计水平高的类型。

2.3.7.3　最终的（实际的）抗震设计水平和易损性分类

当确定了设计规范规定的抗震水平后，需要找到适当的（实际的）抗震设计水平并确定其易损性类别。所考虑的问题涉及不同类型建筑或结构体系的规则程度、建筑材料的质量、施工质量及现代设计原理在该地区的贯彻实施情况等方面。另外，就位于地震区内的经正规工程设计的建筑结构而言，有必要将其抗震设计水平与设计烈度或其他地震分区对应的设计地震动参数所描述的抗震设计类别（高、中和低）的理想特征相比较。可以预期，除了属于特殊建筑物（其抗震设计水平可能较高）及规范没得到正确的贯彻实施（其抗震设计水平可能较低）的例外情形，大部分情况下实际抗震水平与规范所规定的抗震水平是一致的。

在易损性分类表中的可能易损性类别的范围或多或少反映了建筑物的抗震设计水平。易损性类别低于 C 或 D 的结构在实际中只限于经过抗震设计的建筑（或有些木结构房屋）。

在此基础上，实际的抗震设计水平考虑各种条件的影响，其可能的标定范围如下：

• ERD-L 类钢筋混凝土框架建筑，其可能的易损性类别为 C 或 D；更可能的易损性类别为 C。

• ERD-M 类钢筋混凝土框架建筑，其可能的易损性类别为 D 或 E；更可能的易损性类别为 D。

• ERD-H 类钢筋混凝土框架建筑，其可能的易损性类别是 E 或 F；更可能的易损性类别为 E。

• ERD-L 类钢筋混凝土剪力墙建筑和钢框架（抗弯矩）建筑，其可能的易损性类别为 D。

• ERD-M 类钢筋混凝土剪力墙建筑和钢框架（抗弯矩）建筑，其可能的易损性类别为 D 或 E，钢筋混凝土剪力墙建筑更可能的易损性类别为 D，而钢框架（抗弯矩）建筑更可能的易损性类别为 E。

• ERD-H 类钢筋混凝土剪力墙建筑和钢框架（抗弯矩）建筑，可能的易损性类别为 E 或 F；钢筋混凝土剪力墙建筑更可能的易损性类别为 E，而钢框架（抗弯矩）建筑物更可能的易损性类别为 F。

对未经抗震设计的钢筋混凝土框架建筑，可能的易损性类别为 B 或 C，更可能的类别为 C；具有严重缺陷的（如软弱层、弱柱、缺乏刚性单元如砖填充墙或剪力墙等）框架建筑，易损性类别为 B 甚至为 A 是比较合适的；对未经抗震设计的规则钢筋混凝土框架结构，具有一定的抗侧向荷载的能力（由于抗风设计或整体稳定性验算），其易损性类别为 D，也许属于典型的例外情况。

未经抗震设计的钢筋混凝土剪力墙建筑可能的易损性类别为 C 或 D，更可能的类别为 C；具有严重缺陷的钢筋混凝土剪力墙建筑，其易损性类别为

B，是作为一种例外情况。应该注意的是，这种缺陷不会使钢混剪力墙建筑的易损性分类出现急剧变化，它有别于钢筋混凝土框架建筑。

2.4 易损性类别评定

当对一栋建筑物或一组建筑物的易损性类别评定时，首先应检查该建筑物的类型，以便人们能在易损性分类表中找到其对应的行。应该评为那个易损性类别，取决于上述的结构特性与易损性分类表中可能类别范围的标志符号之间的关系。

圆圈表示的是最可能的易损性类别。假如在建筑物中没有明显的特别强或特别弱的地方，就该将建筑物的易损性类别定为圆圈所代表的最可能的易损性类别。实线代表的是易损性类别的可能范围（高或低）。稍许的增强或削弱，则可以将建筑物的易损性类别定在这一范围。点线表示的是在一些特殊情形下结构易损性类别的分布范围，如建筑物在许多部位有增强或削弱，或强度明显高很多或削弱很严重，就可以将建筑物的易损性类别定在这一范围。

下面将以实例阐明其评定过程：

（1）具有钢筋混凝土楼板的无筋砌体房屋，建造质量一般、比较规则及底层为薄弱层。正常情况下，其易损性类别为 C，但当没有其他有利因素以弥补薄弱层显著的削弱作用时，其易损性类别可定为 B，这个评定结果也还在这类建筑的易损性类别的可能范围之内。

（2）具有如上类似设计的无筋砌体。正常情况下这类建筑的易损性类别为 B。薄弱层的作用不至于将其易损性类别变到 A，因为这类建筑物易损性类别范围最极端是 A。如果该建筑物无人居住年久失修且养护很差，内部布局极不规则，底层为薄弱层，所有这些不利因素的综合作用会使其易损性类别变到 A。

通常，任何一组建筑中的最弱的建筑在地震中将首先遭受破坏。然而，这并不能成为自动将这组建筑的易损性类别全部提升一个档次的很好理由。如果仅有建筑结构类型的信息（大部分是由于历史的缘故，有时甚至连这方面的资料也没有），通常应将其易损性类别定为最可能的档次，而仅在异常情形下才取另外的档次。

2.5 关于引入新的建筑物类型的说明

当将欧洲地震烈度表用于欧洲以外或虽属欧洲但其建筑类型极具地方特

色的地方时，也许会涉及一些新的结构类型，但它们没有涵盖在现有易损性分类表中。下文简短的指南会教你如何处理这种情况。它不可能是一个直截了当的方法，最好是在专家组的指导和控制下进行。

总体目标是将新的结构类型与在易损性分类表中已有的建筑类型相比较，建立等效易损性类别。例如，假如这类建筑的坚固程度与通常的砌体结构可比拟，但又不比此更强，那么可大致认定这类建筑的易损性类别为B。假如该类建筑具有延性，其地震表现绝不比砌体结构差，假如其建造质量优良且地震表现很好，那么就可以推断出这类结构的易损性，在易损性分类表中，在易损性类别B下面画一个圆圈，划一条实线，将其延长到C，但它不可能延长到A：其易损性类别为B或C，最可能的类别为B。

问题是如何建立这样一个等效系统。比较理想的情况是，在一个地区新的类型的建筑物和易损性分类表中已涵盖的建筑类型同时存在，那么就可由震害调查资料建立一个客观的易损性分类。比如，在一个城镇中，砌体结构多数遭受2级破坏，与此同时，新的建筑类型只有少数的建筑遭受2级破坏；烈度评为Ⅶ度。这些证据表明新的类型的建筑物易损性类别应为C。

假如在一个地区仅有新的类型的建筑物，就不可能采用上述的理想方式，也许可借助其他判据，将该地区的烈度定为Ⅵ～Ⅷ度，根据受损建筑物的比例，确定其恰当的易损性类别。

如果连这一点也做不到，或许可通过理论估计的方式大致确定其易损性类别，比较它的延性和强度、考虑水平构件和垂直向构件的影响，确定其易损性类别。

当评定复合结构类型的建筑物易损性类别时，需要特别谨慎。以外面包砖的木结构房屋为例，如果覆盖砖墙与木结构连接得不好，那么它就很脆弱，极容易遭到破坏，而木框架由于有延性并未受到影响。尽管这类建筑结构具有很强的抗倒塌能力，但其非结构构件可能很容易遭到破坏。对于具有特殊加固措施的建筑物，与前面讨论过的一样，很难用一种简单的方法去处理。

3 由史料记载确定烈度

3.1 史料和文献资料

“历史资料”这一术语常指史料记载中关于地震影响的描述，即仪器记录时期（1900 年）前的文字资料。然而，必须强调的是，无论是 20 世纪的地震，还是新近发生的地震，这种重要的宏观地震资料仍是很有效的资料。

因此，一种可行的办法是将史料记载与现代文字纪录的证据统称为“文献资料”。此处所使用的术语有别于在地震学家指导下以问卷调查的方式收集地震影响的描述，这种记录地震影响的文字性描述不是出于非地震学目的。不管它们是 1890 年的资料还是 1980 年的资料，都需根据历史方法对这些资料检索和解释。

如大量现代文献所显示的那样，检索和处理文献资料需要专业人员的精心努力。特别是，处理文献资料的研究者必须明白，手中的资料往往经过一段长而复杂的过程。因此，从历史术语、地理术语和文学术语去理解资料的来龙去脉，是非常重要的。

特别要注意以下几点：

（1）资料来源的价值。考虑做记录的动机和记录产生的背景，它对地震和其他自然事件有什么敏感性（例如，在较低的烈度下，个人日记比城市议会记录更可能记录一次地震）。

（2）报道的上下文可能会包含重要的信息，因而不应被忽视。例如，一本书的某一章的一段文字是关于地震影响的简短描述，但该书的其他章节可能包含更正这一信息的详细描述。如果孤立地摘录地震信息，有可能遗漏报告所描述的至关重要的信息。措词也很重要，为了使信息简洁而抹掉原始资料的细微差别的作法，是不可取的。

（3）资料的时空位置。这很重要：资料处理得马虎将会使地震重复，会将一次地震的资料归到另一次地震上，或者虽然地震事件正确但将地震发生的地点搞错了。在某些情况下，所收集的资料不足以确定地震发生的地点、时间或不能同时确定这两个参数，在这些情况下，当该资料被绘成地图时，务必清楚地说明这一点。

写这几段文字的目的不是为了历史地震调查的实践提供一份全面的指南，相关主题将在文献的其他部分详细讨论。

3.2 史料记载中的建筑物类型（易损性类别）

史料记载往往是详细记录了特殊纪念性建筑（如城堡、教堂、宫殿、塔、纪念柱等）的地震破坏，很少提及作为烈度评定标志的普通建筑物的地震影响。有关特殊纪念性建筑资料还将在第3.5节中讨论，因为这些建筑涉及一些特殊的难题。

就普通建筑物而言，大多数情况下，传统房屋的易损性类别为A和B，甚至达到C和D（木结构）。在欧洲，直到17世纪，除了一些显而易见的事实，如人们就近取材，越富有的人房子造得越好越结实，并且养护得越好外，从一般文献中很少能了解到有关建筑物类型的信息。但可以肯定的是，在中世纪时欧洲大部分地方的大多数房子都是木结构的，由木结构转变为砖石砌体的过程很漫长，而且有时仅是部分如此。由于没有详细的资料，很难对这些结构的强度做出确切的判定。例如，不能肯定中世纪的木结构是否与现在所知的木结构具有同样的强度。

可以提出解决这一问题的一些建议，例如，如果可以相信在特定时代和地点的房屋类型的易损性类别为A或B，即可以假定其易损性类别为A评定出一个烈度，而后假定其易损性类别为B评定出另一个烈度，然后用这两次评出的值作为该地的烈度的可能范围。或许可以考虑其他的文化因素，如果有迹象表明位于贫穷边远的乡村地区的建筑物比相对富有的城镇的建筑物要差，就有理由大致认为大部分乡村建筑物易损性类别为A，而大部分城镇里的为B。有些想法，例如，首先遭到破坏的是那些处于条件最差的建筑物，可能在有些情况下对问题的解决是有帮助的（但不能盲目机械地使用）。

3.3 建筑物总数

为了使用房屋破坏的百分比评定烈度，不仅需要知道有多少房屋破坏了，而且还需要知道有多少房屋没有破坏。描述破坏的资料源并不会系统地（或经常地）提供这类信息。然而，一个地区建筑物总数的资料，经常可以通过调查其他资料源得到，如人口统计研究、地形学资料、户口调查资料等。在某些情况下，可以毫不困难地找到可靠的数字。多数情况，需要根据人口资料，用各种假设和相关性进行必要的外推。这些数字具有某种不确定性。在评定烈度时需要考虑这些不确定性的影响，它们经常会导致不确切的估计，但却仍然有用。

另一个难题是可用的数字也许与围绕小城的地域有关，包括一些村庄、部落、孤立的房子等，尽管措词暗含所描述的只是小城本身。破坏的描述会遇到同样的问题，不管这一问题在个别情况下能否得到解决，人们都应清楚地认识到它将引起±1度的误差。假如出现这种情形，给出的烈度范围，如Ⅶ~Ⅷ度等，可能是较好的选择。

3.4 描述的质量

记录地震影响的文献，其特性往往决定了它们着重描述最显著或有新闻价值的影响，而不描述所有其他细节。未对小的地震影响作描述的原因有多方面，如果没有提及的影响，不能证明它没发生，同样，反过来的假设也是无效的。例如，做类似这样的外推是没有多大意义的："假如钟塔被震倒，于是可以推断大多数其他建筑物至少也会遭受轻微破坏"。完善资料的唯一途径是开展进一步调查（这也可能完全失败）。震后几天、几个星期甚至几个月的信息，其出处可能相同也可能不同，通过补充新的破坏资料或补充有关影响的间接证据使这些信息更清晰明了。例如，如果有迹象表明，震后一个地区生活依然如故——人们仍然在他们的房子里生活和工作，城市议会如常照开，宗教仪式照旧举行，那么就可以认为这些证据和使人以为烈度达到Ⅸ度的描述相矛盾。

如果用尽了各种手段，资料仍然不足，那么人们就只能使用这些不足的原始资料，依据这些不足的震害资料适当地给出烈度的可能范围。比较好的作法是对如何做出这个评定的过程做个记录。

3.5 纪念性建筑物的破坏

文献资料对纪念性建筑物破坏的描述，通常要比对普通房屋破坏的描述更为完整，这有两个好的理由：

（1）纪念性建筑的社会价值、经济价值、象征意义或文化价值，对这类报告的作者更为重要。

（2）尽管纪念性建筑的质量良好，但其结构和非结构复杂性，似乎使得它们比普通建筑更易遭受破坏。

例如，通常在强烈程度低于导致破坏发生的地震动水平的情况下，小的建筑装饰就有可能会从教堂上掉落，就属于这种情况。因此，必须谨记由于这种效应造成的后果，不要过高地估计地震烈度。

在一个地方，纪念性建筑常常只有一座，或仅有少数的几座。因此，不可能按照烈度表要求的那样以统计的方式来使用纪念性建筑的资料。因此必须谨慎处理这类资料，作为其他证据（如有的话）的补充。如果只有纪念性建筑的资料可供使用，就应该给出烈度的可能范围，反映资料解释的不确定性。

在某些情况下，纪念性建筑破坏情况的描述非常详细，如果现在它依然存在，可对其进行现场考察，或有详细的描述，可通过专家分析就地震动水平做出有用的结论。

4 烈度表的使用

传统上，烈度表主要是在地震发生后立即通过问卷调查和现场调查的方式使用的。自从 20 世纪 70 年代中期以来，随着对过去地震的兴趣的增加，作为工具的烈度表，已被广泛地应用于分析各种各样的文字材料。与此类似，工程师和规划者也越来越普遍地将烈度作为一种预测工具，估计在未来地震中建筑物遭受的损失。这份材料只是想讨论 EMS-98 烈度表的一般用途，而不作为宏观地震学的完整手册。然而，还是介绍了一些有用的要点。

4.1 观测和外推地震烈度

如本指南所描述的那样，烈度值完全是指由观测到的震害资料推演得到的一个参数。需要提及的是，有时烈度值不是从某地的观察资料中得到的，而是由其他地方的震害资料外推或内插得到的。这在地震目录中最为常见，编辑者由观测值外推计算震中烈度。

讨论这些做法，已超出本指南的范围，但是，如果所引用的全部烈度值不是全部直接由震害资料推演得到的，那么清楚地区分观测和外推得到的烈度是有益的。

4.2 烈度与地面运动参数的相关性

人们已经做过很多努力，企图将烈度与描述地面运动的特定的物理参数建立联系，特别是地面运动峰值加速度。事实上，早期某些烈度表确实包含了烈度的地面峰值加速度当量并作为烈度表的一个部分。不可否认的是，尽管地震烈度是由所观测到的地震影响推演得到的，而这些地震影响又是实际地面运动参数作用的产物，但烈度与地震动参数之间的关系却复杂得难以用简单的关系来表达。此外，有证据表明，地面运动峰值加速度不是影响烈度的最重要的、唯一的参数；因为烈度与地面运动峰值加速度之间的关系，离散性非常大，如此大的离散性使得由烈度推测地面运动参数的值其意义有限（尽管使用谱加速度值可以减少离散）。

正因如此，本烈度表就没有编制烈度值与地面运动参数（如峰值加速度）的对照表，这仍是一个很活跃的研究课题。

4.3 与其他烈度表的关系

理性的做法是不要试图通过公式或查表的方式，将一个烈度表的烈度值转换成另一个烈度表的烈度值，尽管已经出版了几个这样的对照表。相反地，应该使用该烈度表对资料重新处理，确定其烈度值。可实际上这种做法常常是很困难的或是不可能的，最终以应用某类换算系数而告终。

经验表明，不同调查者采用同一烈度表所评出烈度的差异，要比同一调查者采用不同烈度表所评定出烈度的差异还大，因此，不同烈度表之间的比较并非易事，十二度烈度表更是如此，这是由于这些烈度表在本质上具有相似的基本框架。假如有人试图采用比较的方式，评价烈度表间的差异，要么过分注重文字表述上的细微差别，这与惯常使用烈度表的方式不一样，这样的检验实属无意义；要么以一种更为自然、更为灵活的方式使用烈度表，其结果是对烈度表的解释没有任何差别。

在绝大多数情况下，基于 MSK = EMS 系统实现这两个烈度表评出的烈度值之间的转换没有任何困难。最可能的差别是，将以 MSK 烈度表标定的具有不确定性范围的Ⅳ ~ Ⅴ度或Ⅵ ~ Ⅶ度分别转换为以 EMS 烈度表标定的烈度就变成了确定性的Ⅳ度和Ⅵ度。其他的差别可能出自文字上或 MSK 烈度表中的限制性解释。例如，从字面上理解 EMS 烈度表文本，破坏的阈值是Ⅵ度；实际经验表明，以 MSK 烈度表标定的烈度低于Ⅵ度时建筑物偶尔也会出现破坏。以 MSK 烈度表评定地震影响时，如果地震考察者对此有概念，即使结构出现破坏，有时也可能在将烈度定在Ⅵ度以下；如果地震考察者对此没有概念，也许就会将烈度定为Ⅵ度。在将以 MSK 烈度表标定的Ⅵ度转换为以 EMS 烈度表标定的烈度有时变成了Ⅴ度。

4.4 烈度评定的可靠性和资料抽样

使用者不会或很少能掌握地震时的宏观地震影响效应的完整记录，这一点极为重要但又常被忽视。当拥有两万栋建筑物的城镇遭遇地震时，每栋建筑物都会受到这样那样的影响。很有可能使用者仅依据很少的几十栋建筑物受损的数据进行烈度评定，换句话说，这种数据只是全部观测到的样本总体的一个抽样。因此，很自然地产生疑问：这一抽样是否具有代表性，即能否真实地反映样本总体的影响？报告的绝对数量越少，有关报道某种影响效应的比例，与从整个城镇观测中所看到这种影响效应的真实的比例偏差就越大。如果适当注意采用随机抽样技术来收集数据，就可能通过统计方法计算出抽样的误差。遗憾的是，通常并非如此。建议从事宏观地震资料收集和研究的人员，掌握社会科学中发展起来的调查表和抽样方法。

使用者或许无法提高其数据的质量，但至少应该有数据质量的概念，并能把它表达出来；或者用数据质量说明、样本大小（如问卷的数量），或者采用某种办法，如用较小的字体表示评出的烈度用了的质量较差的数据。

假如使用者能直接掌控现场调查收集的数据，几乎就不会出现问题或即使出现问题也不那么严重。但是如果使用者得到的是第二手或者第三手资料的话，问题就可能非常严重。新闻记者对一个城镇所受的地震影响程度的概要报道，很可能依据很少的震害调查资料；对调查报告进行转引或重写人可能自认为报告比较典型地反映了地震的影响，而实际情形可能并非如此。使用者仅能依赖于幸存下来的相对较少的资料，这是历史地震研究常常遇到的一个特殊问题。

有一个实例或许可以说明这一点。假设某城镇唯一有的历史资料是多数人难以站稳。这一描述是Ⅶ度的一个判据，但在缺乏任何其他判据的佐证下就将其定为Ⅶ度，这合理吗？很难制定出一个指南，说明评定烈度所依据的证据，怎样才算充分，怎样才不算充分。在资料不足的情况下，一个有用的方法是，要标明烈度是在资料不充足的前提下得出的，用“Ⅶ?”，或用比较小号的字体，或者用类似的方式标明。也可用质量好坏的代码对每一次烈度评定的结果做出标注。

4.5 可靠性和不确定性

通常，没有把握将地震影响定为单一的烈度值。在这种情况下，就必须做出决定，要么给出近似的烈度值，要么因资料矛盾的地方太多只得将烈度评定暂时搁置起来。

当资料所描述的地震影响达到并超过Ⅵ度的评定判据但又与Ⅶ度的评定判据明显不符时，最好的办法是取较低的烈度值。建议使用者要坚持烈度表刻度整数特性的原则，不要使用像“6.5”，“6 1/2”或“6^{+}”等形式。把烈度分得更细的做法，是否有必要及实际可行，都是值得怀疑的。如果出于某些原因，认为有必要表达得更加细致，就应采用描述的方式。

例：一个村子有180栋（砌体）房屋，其中30栋房屋的易损性类别为A，其余的易损性类别为B。在易损性类别为A的房屋中，有15栋遭受到1级破坏，10栋遭受2级破坏，5栋未遭受破坏。易损性类别为B的房屋中，有10栋遭受1级破坏，5栋遭受2级破坏，其余的未遭受破坏。如果仅考虑破坏，就足以表明烈度是Ⅵ度，但很明显不足以说明烈度是Ⅶ度（仅有很少的易损性类别为 B 的建筑物破坏达到 2 级，易损性类别为 A 的建筑物没有遭受 3 级破坏）。此时，烈度最好定为Ⅵ度。

或许有些情况，地震影响既可看作是Ⅵ度也可看作是Ⅶ度（但明显不可能是Ⅷ度）。在此情况下，应将烈度记做Ⅵ～Ⅶ度，其含义为烈度可能是Ⅵ度也可能是Ⅶ度，并不意味着烈度是其中间值。把烈度表示为一个范围，这在目前是很普遍的，特别是历史地震资料，其资料内容有限，不足以确定具体的烈度，跨越的烈度范围可能超过两度，地震影响记做Ⅵ～Ⅷ度是可能的，但这绝不意味着地震影响是Ⅶ度。例如：一份资料记载“在我们城镇里，烟囱倒塌但房屋没有遭到严重破坏”，这份信息有限的报道并没有给出烟囱倒塌的比例，这只能推断烈度可能是Ⅵ度也可能是Ⅶ度；资料明确记载没有严重破坏，这就意味着烈度没有达到Ⅷ度，因此，烈度范围是Ⅵ～Ⅶ度，即可能是Ⅵ度也可能是Ⅶ度。

当不能准确地确定烈度时，采用模糊的烈度评估方式也是可以接受的，如<Ⅵ（小于Ⅵ度）或>Ⅵ（大于Ⅵ度）。例如，一份文献记载：“在哥尔顿（Cortona）出现许多破坏”。假如没有得到其他信息，烈度评定为>Ⅵ。从理论上讲，烈度大于Ⅵ度可解释为Ⅵ～Ⅻ度，但从实际考虑经常可对其上限值做些推断。

意义不明确的资料会引起其他问题。如地震对人有影响意味着仅为Ⅵ度，而地震对建筑结构有影响却意味着烈度为Ⅷ度，反之亦然。如果出现此类问题有一致性，它可能说明有一些明显的地域性的因素或文化因素在起作用（比如该地区的人容易惊惶；施工技术极差），这些因素应该予以考虑。在使用烈度表时，当这类问题以个案出现且没发现其内在影响因素时，就有必要采用上述的方法，将烈度表示为一个范围。

通常出现的情况是资料很不详细或资料互相矛盾或难以置信，无法评定烈度。在这种情况下，有必要采用一些约定来表示所观测到的影响，如用一圆点或用 F 表示“有感”但无法确定烈度。如有必要，可附上一个解释性的注解。

例：一份编年史资料记载“这次地震发生在拉文纳（Ravenna）、安科纳（Ancona）和佩鲁贾（Perugia）”。不能评定这三个地方的烈度，但应用某些适当的符号（如“F”或一圆点）记录那些地方对地震有感。注意根据这些有限的信息，甚至无法判断那些地方是否遭受过破坏。

应该分清术语“确定性”和“质量”之间的区别（二者用在此处都有

特殊的含义)。如果资料不足以评定出确切的烈度值，那么就需要用诸如Ⅵ~Ⅶ度或者大于Ⅵ度这样的方式表述，这属于烈度值的不确定性。在这些情况下，所确定的烈度值无疑与观测到的资料最相符，但不完整的资料不足以最终确定单一的烈度值。尽管有时观测资料与烈度表所描述的在不同烈度下的震害特征符合得很好，但由于资料太少，不能认定这些资料能否代表所有观测到的地震影响，在这些情况下所评定的烈度值称之为质量差。例如，一份报告仅仅记述“在曼彻斯特（Manchester）窗户发出卡嗒卡嗒声”，这意味其烈度是Ⅳ度而不是其他值，但确定它时需依赖于观测到的其他现象及其数量，实际的烈度范围很可能为Ⅲ~Ⅴ度。在这种情况下，确实能从资料给出单一的烈度值，但也许人们觉得所评定的烈度值不准确，假如可用的资料再多一些，所评定出的烈度值就会有所改变。很可能资料既有不确定性质量又很差。如果确实需要使用那些质量差的资料来评定出烈度值，建议对其作一标记。

4.6 破坏曲线

早期的烈度表一般以有限或约束的方式去处理破坏问题，规定达到某一烈度值时，某一类建筑物就会遭到破坏，这暗含着破坏分布是均匀的。正如Richter在1956版修订的Mercalli烈度表的序言中所述，这个问题在某种程度上可以通过MM烈度表得以缓解，任何地震影响都可能以较弱的形式或个案出现，低于某一烈度阀值破坏仍可能会出现，因此，MSK表引入了定性和定量的破坏分析方法，是一个巨大的进步，EMS-98烈度表继承和发展了这一分析方法。定性方面涉及建筑物类型及其易损性类别划分，定量方面涉及不同破坏等级出现的概率。

一般而言，对出现破坏的那些烈度值，所观测到的破坏呈线性变化的趋势。如果破坏的数量相同，易损性类别每降低一个档次，烈度评定的结果就应该增加一度。从结构和非结构震害资料的统计分布可以看出：破坏随烈度的递增而增大的模式。尽管在一些个例中可能会出现无规律的破坏分布，但很有把握地可以预期，现场遇到的特定烈度下的破坏分布很可能与这里所给定的分布是一致的。

在理想情况下，可以认为在同一烈度下易损性类别相同的建筑物遭受的破坏围绕平均破坏等级按正态分布。EMS-98烈度表所给出的破坏等级是将可能的连续破坏等级以离散化的方式来表示；这种破坏状态的离散化是为了在地震现场易于辨识。假如能画出更为连续的破坏函数，它应该呈正态分布，烈度表中所给出的破坏判据代表的只是这条曲线上的一些样本点。不应忘记这仅仅是一些样本点，这条曲线也可能还有与其他破坏等级的交点。比如对某烈度值，定义某一易损性类别建筑仅有少数遭受 3 级破坏，多数遭受 2 级破坏，应该记住有些观测资料点会落在该分布曲线破坏概率较低的端部。此时，或许还会有许多建筑物遭受 1 级破坏，少数建筑物未遭受损坏。

破坏等级是以离散的方式定义的，它将破坏状态逐渐由基本完好连续变化到完全倒塌的整个过程离散为不同的破坏等级。与此类似，烈度表中的烈度值也是以离散的方式定义的，它描述的是一些能分辨清楚的等级，将连续变化的假想地震动离散设定为不同的烈度刻度。因此，可以想象，在理想情况下，随着烈度的增加，破坏分布逐步向破坏函数的高端点移动，但破坏曲线的基本形状保持不变。

然而，由于破坏函数具有绝对上限和绝对下限，破坏分布的形状也一定会随着破坏逼近上、下限而发生变化。因而，当烈度值较低时，正态分布曲线前缘位于破坏较轻的区间，由于不可能出现负的破坏等级，破坏状态主要集中在基本完好这一状态内。与此相似，当烈度值很高时，正态分布曲线后缘位于破坏较重的区间，由于不可能超出破坏状态的上限，破坏状态主要集中在完全倒塌这一状态内。

如图 4.1 所示，图中画出了三种具有代表性的破坏函数：“a 类”是针对烈度值较低的情况（典型值为Ⅵ度），破坏概率随破坏等级的增加而单调递减；“b 类”是基本的情况，可以看到破坏状态的概率是围绕其均值按正态分布的；“c 类”是针对烈度较高的情形（如Ⅹ度），破坏概率随破坏等级的增加而单调递增。图 4.1 给出是地震现场收集到的某类房屋的典型实际震害分布曲线，而不是其易损性类别曲线，不过，原理是一样的。

本烈度表中的烈度值的定义或描述可以通过破坏分布曲线与破坏等级的交叉点来实现。在每个易损性类别的破坏曲线上选一个或两个有代表性的与特定破坏等级相交叉的点。例如，如图 4.1 所示，当烈度为Ⅷ度时，就易损性类别为 C 的建筑而言，破坏函数曲线与破坏等级交叉的点分别对应破坏等级 2（轻微破坏）和 3（中等破坏），虽未提及破坏等级 1（基本完好）或无损坏的概率，但它们确实存在。交叉点一般是依据破坏等级最高或可能性最大的破坏等级（即所谓“最大破坏决定”的原则）原则确定的，报道或调查最多的可能就是这些破坏等级。

震害调查统计结果的使用，是引入新的建筑物类型及确定特定建筑类型最可能的易损性类别的关键环节。

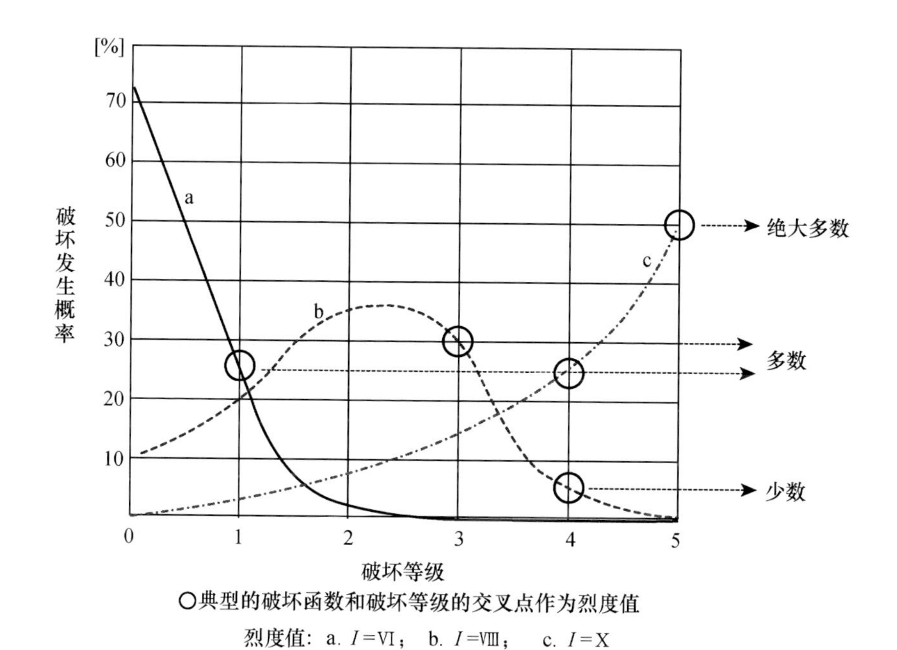

图 4.1　在不同烈度下各种破坏等级的典型频度分布与烈度表中所使用的定义之间的关系

4.7　十二度烈度表的局限性

顺便提一下，值得注意的是，尽管 EMS－98 烈度表和其他烈度表，如 MSK 烈度表、MM 烈度表等，都采用十二个烈度刻度（烈度值），但在实际应用时真正起作用的只有八个烈度值。Ⅰ度的实际含义是“无感”；Ⅱ度的含义是震动极弱以至于常常没有报告，因此也很少使用。在烈度标尺的另一端，Ⅻ度是定义最大可以想象到的地震影响，这类影响在地震中观测不到。在实际中Ⅹ度和Ⅺ度难以区分，因此Ⅺ度也很少使用。因此这些烈度表的“工作区间”往往是从Ⅲ度到Ⅹ度。

4.8　MSK 表中缺失烈度值的猜想

MSK 烈度表修订工作组提出的问题之一，是他们觉得 MSK 烈度表Ⅵ度和Ⅶ度之间缺少一个烈度值（刻度）。深思熟虑后发现：这只不过是一种错觉，这很容易论证。如果在Ⅵ度和Ⅶ度之间缺失一个烈度值，MSK 烈度表就是非线性的，那么在研究等震线图时就会发现这一很显著的现象。它将在所有的等震线图上均有所显示，以 MSK 烈度表标定的Ⅵ度等震线和Ⅶ度等震线之间的间距比之Ⅴ度等震线和Ⅵ度等震线之间的间距以及Ⅶ度等震线和Ⅷ度等震线之间的间距都要大，不成比例。但在 MSK 烈度表使用的 30 年里，没有出现过这样的情况。因此，该烈度表必定是线性的，就如同它所定义的一样。

那么，为何会出现这种错觉呢？要回答这个问题，就有必要重温烈度和烈度表的特性。假如将地面运动看作是一个物理参数，或更确切地说，假如将地面运动看作是加速度、速度、位移和持续时间这些物理参数的组合，人们可以想象存在一个完全连续变化的变量，从无震动连续变化到最大可信地震动。既然从某种意义上讲烈度与这种地震动组合变量类似，那么它也该有一个假想的连续变化范围，即从无感逐渐增加到最大可能影响。

然而，烈度不能定义成一个连续变量。为了鲁棒性，必须把烈度离散为整数值。这就意味着给最小值的状态和最大值的状态各赋一个值，在最小值和最大值之间等间距地划分若干个离散点，以便能清晰地描述出在各离散点上的地震影响的大小。很明显，大自然不会遵循烈度表上烈度值台阶式的描述。如果设想在震中附近实际地震影响严格遵循烈度表所描述的Ⅷ度特征，在一定距离内毫无变化，然后突然下降变为烈度表所描述的Ⅶ度特征，如此等等，这显然荒谬之极。

划分的数量及在哪里划分，必须满足两个准则：首先，必须等间隔划分；其次，所划分的各个烈度等级在实际中能彼此区分开来。20 世纪的实践经验似乎表明，既按等间隔划分又能在实际中可以区分的最佳等级数是十二。在有些特殊情况下，特别是处理历史地震资料时觉得划分较少的烈度值等级更为理想，但对大多数的现代研究来说，按十二度划分的烈度表更方便使用。

然而，这并不是说无法对有些所插入的中间等级进行区分，特别是有某种类型的阈值效应可供使用的情况，例如，某个判据的首次出现有别于该判据的出现频次增加。这是介于Ⅵ度和Ⅶ度之间的情形，人们很容易定义一个高于Ⅵ度但又低于Ⅶ度的中间等级。Ⅵ度和Ⅶ度中间比其他地方更容易插入一个等级，然而，这并没有什么益处。增加一个额外的烈度值等级，它与烈度表的其他烈度值等级呈非线性关系，这是没有意义的。

为了实用，按十二度划分的烈度表应该足够了，建议使用者不要把时间浪费在给它添加内插的中间值上，即使可以分出这样的中间值的情况也是如此。实践中最简洁而又稳健的方法是对所有带有“小数”的烈度进行四舍五入，给出正确的整数烈度值。这样做的效果是，将介于Ⅵ度和Ⅶ度之间的中间等级的地震影响定为 EMS 的Ⅵ度。

5　不同建筑类型破坏等级划分描述实例

这些实例中的建筑物震害是按建筑类型（参见 EMS－98 的易损性分类表）及其破坏等级（从 1 级到 5 级）划分的（参见 EMS－98 的破坏等级划分）。

结构类型	地震/地点	破坏等级				
土坯砌体房屋	1990 年哈萨克斯坦东部地震/斋桑（Saisan）	1	2	3	4	5
				●		

评价：

在绝大多数墙体上出现宽大裂缝，意味着破坏等级为 3 级。

图 5－1

结构类型	地震/地点	破坏等级				
土坯砌体房屋	1986 年喀尔巴阡山地震/摩尔达瓦（Moldava），Leovo	1	2	3	4	5
					●	

评价：

外墙之间失去连接，左墙角的底部出现局部破坏，意味着破坏等级为 4 级（墙体严重破坏）。

建筑物的右部似乎没有遭受严重破坏，很明显，这是经过认真修缮过的。最终的破坏等级应该考虑造成这种差异的原因。

图 5－2

结构类型	地震/地点	破坏等级				
土坯砌体房屋	1985 年塔吉克地震/凯拉孔（Kairakkoum）	1	2	3	4	5
					●	

评价：

建筑物的墙体遭受严重损坏，可将其破坏等级定为 4 级。

图 5－3

结构类型	地震/地点	破坏等级				
散石砌体房屋	1995 年希腊伯罗奔尼撒半岛（Peloponissos）北部地震/Aegion	1	2	3	4	5
					●	

评价：

建筑物的墙体严重损坏，表明其破坏等级为 4 级。灰浆质量很差和建筑物混凝土构件没发挥作用对结构易损性有影响。

图 5－4

<table>
<tr><th>结构类型</th><th>地震/地点</th><th colspan="5">破坏等级</th></tr>
<tr><td rowspan="2">散石砌体房屋（灰浆的强度很弱）</td><td rowspan="2">1980 年意大利坎帕尼亚－巴西利卡塔（Campania-Basilicata）地震/巴尔伐罗（Balvano）</td><td>1</td><td>2</td><td>3</td><td>4</td><td>5</td></tr>
<tr><td></td><td></td><td></td><td></td><td>●</td></tr>
<tr><td colspan="7">
评价：
楼板和绝大多数墙体遭到破坏，其结构破坏很严重，破坏等级为 5 级。</td></tr>
</table>

图 5－5

<table>
<tr><td rowspan="1">结构类型</td><td>地震/地点</td><td colspan="5">破坏等级</td></tr>
<tr><td rowspan="2">料石砌体房屋</td><td rowspan="2">1991 年瑞士格里森（Grison）地震/Vaz</td><td>1</td><td>2</td><td>3</td><td>4</td><td>5</td></tr>
<tr><td></td><td>●</td><td></td><td></td><td></td></tr>
</table>

评价：

墙体出现宽长裂纹，使承重结构遭受轻微破坏，因此破坏等级应定为 2 级。

图 5－6

结构类型	地震/地点	破坏等级				
料石砌体房屋	1979 年南斯拉夫地震/门的内哥罗（Montenegro）	1	2	3	4	5
				●		

评价：

位于房顶的中部山墙遭受破坏，不支撑屋顶，因此应该视为非结构破坏，属于非承重结构严重破坏，破坏等级为 3 级。

图 5－7

结构类型	地震/地点	破坏等级				
料石砌体房屋	1979 年南斯拉夫地震/门的内哥罗（Montenegro）	1	2	3	4	5
					●	

评价：

部分承重墙体坍塌，引起屋顶和楼板部分倒塌，这是严重的结构构件的破坏，因此破坏等级为 4 级。

图 5－8

结构类型	地震/地点	破坏等级				
无筋砌体结构	1985 年捷克共和国 NW-Bohemia-Vogtland 地震/Skalná	1	2	3	4	5
			●			

评价：

尽管从建筑物的外部看不到结构破坏，但在建筑物内部墙体连接处可见到裂缝，它属于结构构件的轻微破坏。外墙和内墙都有相当大块的灰浆脱落，因此破坏等级为 2 级。

图 5－9

结构类型	地震/地点	破坏等级				
无筋砌体结构	1992 年荷兰 Roermond 地震/Heinsberg	1	2	3	4	5
			●			

评价:

几个烟囱遭到破坏，屋顶溜瓦。大部分墙体上没有出现宽大的裂缝，因此破坏等级应该定为 2 级。

注意:

图中左边的烟囱折断是由于两幢紧邻建筑物的震动差异造成的。折断的烟囱部分掉下砸飞了屋顶的瓦片；因此对瓦片的破坏是次生效应，不是由地震动直接引起的。

图 5 - 10

<table>
<tr><td>结构类型</td><td>地震/地点</td><td colspan="5">破坏等级</td></tr>
<tr><td rowspan="2">无筋砌体结构</td><td rowspan="2">1978 年德国斯瓦比亚（Swabian）地震/阿尔布施塔特（Albstadt）</td><td>1</td><td>2</td><td>3</td><td>4</td><td>5</td></tr>
<tr><td></td><td>●</td><td></td><td></td><td></td></tr>
</table>

评价：

出现多数垂直向裂缝是由于墙体之间的移位造成的；属于结构构件的轻微破坏，破坏等级为 2 级。

图 5 - 11

<table>
<tr><td>结构类型</td><td>地震/地点</td><td colspan="5">破坏等级</td></tr>
<tr><td rowspan="2">无筋砌块结构</td><td rowspan="2">1996 年意大利科雷吉欧（Correggio）地震/Bagnolo（勒佐伊米莉亚 Reggio Emilia）</td><td>1</td><td>2</td><td>3</td><td>4</td><td>5</td></tr>
<tr><td></td><td>●</td><td></td><td></td><td></td></tr>
</table>

评价：

观察外墙可以看到砖填充墙有许多裂缝，这表明破坏等级为 2 级。为了确认这个破坏等级评定的正确性还应该检查建筑物内部。

图 5－12

结构类型	地震/地点	破坏等级				
无筋砌体结构	1976 年意大利弗留利（Friuli）地震/杰莫那市（Gemona）（Udine 乌迪内）	1	2	3	4	5
			●			

评价：

大部分墙体上有交叉的斜裂缝，裂缝不很严重，没有引起墙体倒塌。这种情况破坏等级为 3 级。

注意：

此图与和后面图里的破坏等级划分的区别。

图 5 - 13

结构类型	地震/地点	破坏等级				
有钢筋混凝土楼板的无筋砌体结构	1976年意大利弗留利（Friuli）地震/Braulins（Udine 乌迪内）	1	2	3	4	5
					●	

评价：

墙上有大的斜向交叉裂缝，部分外墙体间失去连接，这表明承重结构遭受严重破坏，破坏等级为4级。

图5-14

结构类型	地震/地点	破坏等级				
有钢筋混凝土楼板的无筋砌体结构	1995 年希腊弗留利北部（Peloponnissos）地震/Aegion	1	2	3	4	5
				●		

评价：

外墙上有宽大裂缝，但不是所有的裂缝都穿透整个墙体。这属于承重结构中等破坏，破坏等级为 3 级。

图 5 - 15

<table>
<tr><td rowspan="2">结构类型</td><td rowspan="2">地震/地点</td><td colspan="5">破坏等级</td></tr>
<tr><td>1</td><td>2</td><td>3</td><td>4</td><td>5</td></tr>
<tr><td>钢筋混凝土
框架结构</td><td>1985 年墨西哥城
（Mexico City）地震</td><td></td><td></td><td>●</td><td></td><td></td></tr>
</table>

评价：

该钢筋混凝土框架结构的柱体上有裂缝，填充墙上有成块的灰浆脱落，有些情况下砖填充物部分破坏。结构构件（柱）遭受中等程度的破坏，非结构构件（填充物）遭受严重破坏，因此破坏等级为 3 级。

图 5 - 16

结构类型	地震/地点	破坏等级				
钢筋混凝土框架	1987 年意大利 Irpinia-Basilicata 地震/Sant'Angelo dei Lombardi	1	2	3	4	5
					●	

评价：

许多外填充墙完全损坏，属于非结构构件破坏非常严重。有的地方柱—梁节点处遭受严重破坏，这表明破坏等级为 4 级。

图 5－17

结构类型	地震/地点	破坏等级				
钢筋混凝土框架	1995 年希腊弗留利北部（Peloponnissos）地震/Aegion	1	2	3	4	5
						●

评价：

底层完全倒塌，这种情况破坏等级为 5 级。

图 5－18

结构类型	地震/地点	破坏等级				
钢筋混凝土框架结构	1995 年希腊弗留利北部（Peloponnissos）地震/Aegion	1	2	3	4	5
						●

评价：

建筑物的中间部位完全倒塌，因此破坏等级为 5 级。

图 5－19

<table>
<tr><td>结构类型</td><td>地震/地点</td><td colspan="5">破坏等级</td></tr>
<tr><td rowspan="2">钢筋混凝土
框架结构</td><td rowspan="2">1985 年墨西哥城
（Mexico City）地震</td><td>1</td><td>2</td><td>3</td><td>4</td><td>5</td></tr>
<tr><td></td><td></td><td></td><td>●</td><td></td></tr>
</table>

评价：

建筑物上部局部倒塌。尽管上层楼层坍塌，但位于建筑物下部的楼层没有完全倒塌，因此破坏等级为 4 级。

图 5－20

结构类型	地震/地点	破坏等级				
钢筋混凝土框架结构	1988 年亚美尼亚斯皮塔克（Spitak）地震/列宁纳坎（Leninakan）	1	2	3	4	5
						●

评价：

很明显这是承重结构遭受严重破坏，几乎完全倒塌，因此破坏等级为 5 级。

注意：

该建筑物是按一定抗震设计水平设计的钢筋混凝土框架结构，其破坏是由于梁和柱之间耦合不充分而引起的。是这类建筑物中具有较低易损性类别的典型例子（这里易损性类别定为 B），它代表了这类建筑物类型中易损性类别低的异常例子。

图 5－21

<table>
<tr><td rowspan="1">结构类型</td><td>地震/地点</td><td colspan="5">破坏等级</td></tr>
<tr><td rowspan="2">钢筋混凝土
剪力墙结构</td><td rowspan="2">1995 年日本阪神
大地震/神户</td><td>1</td><td>2</td><td>3</td><td>4</td><td>5</td></tr>
<tr><td></td><td></td><td></td><td></td><td>●</td></tr>
</table>

评价：

底层完全倒塌，因此破坏等级为 5 级。

图 5－22

结构类型	地震/地点	破坏等级				
钢筋混凝土剪力墙结构	1995 年日本阪神大地震/神户	1	2	3	4	5
				●		

评价：

该建筑物从上到下的所有结构构件遭受中等程度损坏。裂缝集中分布在正面外部薄弱的短柱附近，但破坏并没有损害建筑物的整体性，破坏等级应评为 3 级。

图 5－23

<table>
<tr><td>结构类型</td><td>地震/地点</td><td colspan="5">破坏等级</td></tr>
<tr><td rowspan="2">钢框架结构</td><td rowspan="2">1995 年日本阪神大地震/神户</td><td>1</td><td>2</td><td>3</td><td>4</td><td>5</td></tr>
<tr><td></td><td></td><td></td><td>●</td><td></td></tr>
</table>

评价：

该建筑物上部有一层倒塌，柱子侧向弯曲，这是承重结构的严重破坏。由于连接点毁坏使一些重的幕墙遭受破坏。这种情况的破坏等级应定为 4 级。

图 5－24

<table>
<tr><td>结构类型</td><td>地震/地点</td><td colspan="5">破坏等级</td></tr>
<tr><td rowspan="2">木结构建筑物</td><td rowspan="2">1995 年日本阪神大地震/神户</td><td>1</td><td>2</td><td>3</td><td>4</td><td>5</td></tr>
<tr><td></td><td></td><td></td><td>●</td><td></td></tr>
</table>

评价：

该建筑物左侧框架节点遭受严重破坏。破坏等级应定为 4 级。

注意：

由于第一层加劲系统出现薄弱环节，引起整个建筑物向右倾斜。由于与其相邻的建筑物为它提供了横向支撑，因此该建筑物并未完全倒塌。这是建筑物相对其他建筑物的位置起作用的一个很好的例证。

图 5 - 25

图片出处：

图5－1，5－2，5－3是由E. T. Kenjebaev和A. S. Taubaev（阿拉木图）提供；

图5－5，5－7，5－8，5－16，5－17，5－20，5－21是由H. Tiedemann（瑞士再保险公司，苏黎世）提供；

图5－4，5－6，5－15，5－18，5－19，5－22，5－23，5－24，5－25是由Th. Wenk（苏黎世联邦高等工业学院，苏黎世）提供；

图5－13，5－14是由D. Molin（Servizio Sismico Nazionale，罗马）提供；

图5－12是由A. Tertulliani（意大利国家地球物理研究所，罗马）提供；

图5－9，5－10是由G. Grünthal（德国国家地学研究中心，波茨坦）提供；

图5－11是由Landesstelle für Bautechnik Baden Württemberg提供。

6 烈度评定的实例

例 1：依据历史文献资料

下面两份资料描述的是 1564 年 7 月 20 日发生在 La Bollène 的阿尔卑斯山 Maritime 地震和位于法国 Nissard 区域 Roquebillière 及 Belvédère 地震的影响。

下面这段文字是尼斯的公证员 Lubonis 的记录；原文丢失，幸亏有 18 世纪当地的一位历史学家 Scaliero 的手抄副本，不然现在就看不到这段文字了。据他所说该段文字是 1564 年公证人协议书的附件：

“De admirabili hora et horrendo terremotu in comitatu Niciense facto. Anno ipsi millesimo quingentesimo [quinquagesimo deleted] sexagesimo quarto indictione septima et die iovis vigesima iulii circa unam horam noctis fuit quidam terremotus in Comitatu Niciense absque tamen aliquo damno veruntamen tota nocte per illius discursum sepius iterato ipso terremotu in vale Lantusie qui adeo infremuit et impetum fecit ut locus Bolene omnino devastatus et diruptus remansit ad quod omnes parietes domorum dirupte sunt et duo partes ex tribus personarum eiusdem loci mortui sunt et fere alia tertia pars remansit vulnerata in locis rocabigliera et de bello vedere fere pro dimidia remansit dirupta et devastata adeo quod in loco Rocabigliera mortui sunt viginti due et fere sexaginta vulnerati in loci de bello vedere mortui sunt quinquaginta et totidem vulnerati a fol. 79 dicto，del prottocolo di Gio. Lubonis del 1564.”

1792 年 Scaliero 版本，位于第 211 ~ 212 页之间。

第二份资料是由著名的米歇尔的长子 Caesar Nostradamus 所著的普罗旺斯历史；据说这份原始资料其中的一份报告是尼斯人 Nostradamus 撰写的文卷所遗留下来的，当时 Nostradamus 正在沙龙，他经历了这次地震，并在这里度过了他的后半生：

“En ce mesme temps [1564] passa par nostre ville de Sallon，un qui se disoit de ces quartiers là，lequel racomptant ces tristes choses et ces tant estranges prodiges，laissa un roolle en sa langue naturelle et Nissarde qui est comme un vieil Provencal des villes et chasteaux ruynez：…La Boullene entierement et de fond en comble ruynee，deux cens cinquante morts，et quatorze blessés.”

分析

这段记载是在研究历史地震时必须涉及的典型材料。这些记载对房屋破坏及房屋类型的描述极其简略。从表面上看，在处理没有建筑物类型详细描述的震例时，似乎欧洲地震烈度表并不比其他烈度表好，但实际情况并非如此，实际上其他烈度表要么对建筑物类型做隐含的假设，从而限制了使用者的选择；要么则使用宽泛的分类方式，精度很低。

以 Bolene 为例，资料仅提到“房屋的所有墙体都倒塌了”。我们必须提出的问题是：（a）这些建筑物的易损性类别属于哪类？（b）实际的破坏等级及其分布如何？（c）该报道的夸张程度如何？把这些问题的顺序颠倒进行讨论，经验表明：历史上对地震破坏的描述常有一定程度的夸张，细节描述得越少，结果就可能越不准确。有两种方式的夸张。可能夸大破坏数量：“所有”很可能意味着“绝大多数”。破坏程度也可能夸大：“倒塌”常常证实为“严重破坏”。因此，“房屋的所有墙体都倒塌了”可能的解释是绝大多数建筑物遭到4级和5级的破坏，有些建筑物遭受的破坏甚至更小。就房屋结构易损性而言，依据该地区大家所知道的历史上的建筑物类型，或许可以推断其易损性类别为A或B。如果我们知道确切的破坏分布是多数建筑物遭受4级破坏，如果所有建筑物的易损性类别为A，那么烈度可定为Ⅷ度；如果所有建筑物的易损性类别为B，那么烈度就应定为Ⅸ度。更可能的烈度范围，是该地区既有易损性类别为A的建筑物又有易损性类别为B的建筑物。除非有理由假设绝大部分建筑物的类型是属于其中的某一类易损性类别的结构，否则就应该将烈度定为Ⅷ~Ⅸ度。在这种情况下，破坏程度具有不确定性，可信的解释是一个范围，从多数建筑物遭受了4级破坏和少数建筑物的破坏程度达到5级，到绝大多数建筑物遭到4级破坏和少数建筑物破坏程度达到5级。综合考虑这两种不确定性，给出可信的烈度值范围是Ⅷ~Ⅹ度。注意：在烈度表中，虽然在指明多数建筑物遭到5级破坏时，并未明确表明绝大多数建筑物遭到4级破坏，但它隐含这层含义，所以可以这么用。

描述 Rocabigliera 和 de Bello Vedere 的破坏情况是“半数的建筑物遭到严重破坏”。在这种情况下，如果把破坏分布解释为“绝大部分建筑物破坏程度为4级，多数建筑物破坏程度为5级”的推测，就站不住脚了。“多数建筑物的破坏程度为4级，少数建筑物的破坏程度为5级”的解释还比较可信，“多数建筑物的破坏程度为3级，少数建筑物的破坏程度为4级”的解释，虽然也可考虑，但不很吻合。在建筑物易损性类别为A或B的情况下，烈度取值范围为Ⅶ~Ⅸ度，更可能的烈度范围是Ⅷ度到Ⅸ度。

例2：依据历史文献资料

下面两份资料描述的是1801年9月7日发生在苏格兰的贡里克地震的影

响。两份资料都来自于当时爱丁堡的报纸。那时爱丁堡是距离报纸出版地最近的地方。从贡里克到爱丁堡的距离大约75km，地震大约发生在上午6点。

下面描述是在地震发生两天后，即9月9日，由贡里克的一名观察者记录的。这些描述刊登在《爱丁堡广告人》上（1801年9月15日的第174页）：

1）"晃动非常厉害……惊惶之情难以表达……一些房屋的石瓦掉落，多数未固定的物体突然倒塌。玻璃瓶、杯子等能发出响亮声音的物体互相撞击，发出刺耳的声音，几块大石头和岩石碎块从山上滚落下来，成片的石坝崩溃，土坝的坝堤出现滑动。假如当时的地震动再剧烈一些的话，一些受损的房屋就有可能倒塌，不过，所幸有上帝保佑，没有造成更大的伤害。

第二篇报道也是发自贡里克并登载于9月9日的《爱丁堡晚报》上（1801年9月14日第三页）。

2）巨响和震动几乎同时出现；所有睡着了的人全都被惊醒，以为房屋倒下来了，这里和附近的多数居民都迅速地从屋里逃出，震动持续了大约五六秒钟。在此期间，地板、床和窗户猛烈颤动，房顶破裂变形很大。正在吃草的马群似乎异常惊惶，耳朵竖起；从圈着牛的叫声中也可感觉到它们非常不安；狗和其他动物的叫声都表明它们受到惊吓。在西边几英里地方的一个放牧人刚把一群羊分开，但稍后大地开始颤动，它们立刻又聚集在一起。

评论

这两个描述十分有用，就这个时期一次中等地震对一个小镇（1801年它的人口是1500人）的影响而言，这两份资料所含的信息比通常情况的要多。

首先要谈的是有关当地的建筑物类型，它主要是石砌房屋（通常是单层的），木质屋顶，上面铺有板岩瓦，可以认为它们为易损性类别是B的结构物，这些建筑物的强度很可能相当不错，并没有受到失修的影响。

烈度的基本标志通常是通过考察破坏获得的。很显然，这里的建筑结构仅遭受轻微破坏，第二位作者完全没有提及破坏情况。所观测到的主要地震影响是有些房屋房顶的瓦片掉落，从技术上说，其破坏等级属于3级。但是，鉴于没有其他典型的结构（烟囱或墙）遭受3级破坏的证据，推断掉落的瓦片很可能原本就已松动。没有提到灰墙裂缝，但这点经常不被提到：（a）因为从建筑物外部观测不到；（b）可能直到后来房主才发现这些裂缝，特别是原来就有其他裂缝时会如此。因此，没有提及灰墙的破坏情况，并不很重要。相比之下，未提及烟囱的破坏情况就显得重要得多，因为这是一个很重要的标志特征，特别是当第一位作者明确说明了除他所描述的破坏之外，没有其他破坏发生。他还特别提到了有些质量很差的房屋在地震中没有倒塌。

从破坏的角度得出的第一个结论是，烈度至少为Ⅴ度，但不会超过Ⅵ度。烈度达到Ⅶ必须要有许多房屋破坏的证据，特别是烟囱，实际情况并非如此。文献中提到的“石堤”就是石围墙，欧洲地震烈度表不涉及这类结构，但经验表明，这类结构的破坏只有烈度达到Ⅴ度时才会出现。

考虑地震对人的影响，两个报道都认为震动非常惊恐。居民异常惊惶，以为房屋倒下来了。多数人跳下床——并没有说他们跑出户外，但似乎非常可能。在这种情况下，可能与Ⅵ度的描述——“多数人恐慌，并跑出户外”最吻合。很显然，地震时屋外的人（比如牧羊人）有感，但是具体多少人有感并不清楚。地震对人的影响确定了烈度范围为Ⅴ～Ⅵ度，更可能是Ⅵ度。

第一个文献记载提到多数物品猛地摔倒，这更像“稳定性一般的小器物可能掉落”（Ⅵ度），而不像“小的、顶部沉重或放置不稳的物体可能发生移位或翻倒”（Ⅴ度），甚至类似于“大量物品从架子上掉落”（Ⅶ度）。

烈度达到Ⅳ度才会出现玻璃器皿的碰撞及窗户百页的震动等影响，烈度更高时也能观测到这种影响。很明显在这次地震中该地的烈度值至少为Ⅴ度。

第二位作者提到了地震对动物的影响。圈内的奶牛烦躁不安（Ⅴ度），而且户外的马和牛也受到了惊吓（Ⅵ度）。

综合考虑上述资料，将1801年9月7日地震在贡里克造成影响定为烈度Ⅵ度，是最合适的。地震地质资料也能提供一些佐证。第一位作者所提到的对斜坡的影响——大的石块及碎石从山上滚下，土坝的坝堤受到影响，产生了小的滑动。第一种影响像是碎石堆的运动而不像是岩崩，但两种影响都是只有在烈度达到Ⅴ度时才会出现的，典型值为Ⅵ～Ⅶ度（出现岩崩时为Ⅵ～Ⅷ度）。第二种影响对应的烈度为Ⅴ～Ⅶ度，但是，因为它好像是单个情形，所以不是一个很好的标志。这些影响确认了由考证其余资料而得出的判断。

例3：依据问卷调查的资料

下面的资料摘自有关1979年12月26日英格兰北部卡莱尔地震（$M_L=4.8$）影响的问卷调查表。问卷调查表是在地方报纸上刊登的，邀请读者填写问卷调查表并将其寄回。在资料收集过程中没有采用随机抽样的方法，由样本计算出来的百分比不能保证确能代表样本母体。问卷不是按欧洲地震烈度表设计的，因此，并非所有的问题都与烈度表的文本密切相关。本例可以看到烈度表对于不是很好的资料也能照样使用。

为了本研究的目的，我们把卡莱尔分成三个区域，本例中使用卡莱尔西部的震害资料，所收到城西的问卷数目为222。

地震发生的时间是清晨3时57分，几乎所有的人都躺在屋内的床上，没有来自于户外居民的报告，因为那个时候，正是圣诞节过后的清晨，街上没有行人。

问题：你有什么感觉？

87% 的人感到某种震动，19% 的人认为是震动强烈（尽管并没有特别要求他们对强烈程度作出描述），1% 的人认为震动微弱，11% 的人无感。

评论：一般都感觉到震动或震动强烈。

问题：附近的其他人是否有感或听到了什么？

73% 的人回答他们的邻居有感或听到地震，12% 的人回答没有感觉，其余的人不知道或没有回答。

评论：室内大多数人感觉到地震。

问题：你是否感到惊惶或恐惧？

69% 的人回答是，18% 人回答否。有三个人说他们跑出户外，但这个信息并不是问卷所要求的，所以，或许有更多的人也跑了出去。

评论：多数人或绝大多数人感到惊惶或恐惧，至少有一些人试图跑出户外，从这些现象来看，烈度范围应该在Ⅴ～Ⅶ度之间。

问题：门或窗是否发出咯咯的响声？

54% 的人回答是，26% 的人回答否。

问题：还听到其他东西发出咯咯的响声吗？

54% 的人回答是，19% 的人回答否。

评论：由这个证据判断烈度至少为Ⅳ度，也可能是Ⅴ度或更高。

问题：悬挂着的物体是否摇晃？

14% 的人回答晃动，26% 的人回答不晃动，其余为没有看到吊着的东西或在黑暗中看不清楚或者没有回答。

评论：由于近距离（相对于这里）小震的地震动高频成分丰富，因此不要期望能观测到多数悬挂着的物体摇晃的现象。在这种情况下，回答是与否的比例为 1：2，这就意味着震动非常强烈，即烈度至少是Ⅴ度。

问题：有东西掉落或翻倒吗？

18% 的人回答有，72% 的人回答没有。

评论：烈度至少为Ⅴ度。

问题：是否造成破坏？

13% 的人回答出现某些破坏，85% 的人回答没有破坏。大多数破坏是指灰泥和墙体的开裂；也有反映石板瓦脱落、烟囱掉落和松散的砖移位；有一人叙述了在仓库和房屋外延处的缝隙张开。

评论：这类房屋主要是砖砌的，破坏情况可概括为少量易损性类别为 B

的建筑物遭受 1 级和 2 级的破坏，这与烈度表中所描述的情况并不十分吻合，但没有比Ⅵ度更接近这种破坏情况了。

问题：你还观察到其他现象吗？

回答各种各样，9 个人回答家具移动了，这是烈度表中Ⅵ度影响才会提及到的破坏影响。

总结：

依据以上证据，最好把烈度定为Ⅵ度，尽管评定的结果是处于边缘状态，可能有人争议说应该定为Ⅴ度，或Ⅴ ~ Ⅵ度之间。破坏程度，家具移动和受惊吓居民的数量都表明其烈度为Ⅵ度，其他资料至少与这个结论一致，尽管或许可以期望对掉落的东西的观测的百分比更高一些。

7 地震对自然环境的影响

地震对地表的影响，在此简称为“地震地质”影响，烈度表常包含这方面的内容，如 MSK 烈度表，但实际上这种地震影响很难使用，其原因是此类影响极其复杂，经常受多种因素的影响，如边坡自身的稳定性、地下水位等，而这些因素对观测者来说也许并非显而易见。这就使得在好几个烈度值下都可以看到地震地质影响。因此，可以认为：没有足够多的震害资料能建立起地震地质影响与烈度变量之间的好的对应关系。就有限的地下水位变化、地表裂缝、滑坡或岩崩等地震地质的影响的一般考虑，本节将单独予以介绍。

将这些地震地质影响特征作为一个单独部分来考虑，而没有将其纳入不同烈度值的特征判据中加以描述，这种决定不是轻易作出的，特别是在人烟稀少（或无人区）的边远地区，其他可用的资料很少。问题是，人工建筑的易损性变化能以较为一致的鲁棒性的方式来表述，而多数的自然环境的影响取决于复杂的地震地质和水文特征，观测者很难（或根本不可能）对其作出评估。例如，岩石表面风化，容易破损，没地震发生也常会出现岩崩，而当岩石间黏结性很强时，只有遇到非常强的震动时偶尔才会诱发岩崩。对任何一个特定地区来说，引起这类现象的条件不一定是一成不变的，它们可能取决于水位的状态也可能随季节而变化。在某种程度上，它与建筑物的易损性类似，黏结性弱的岩石表面比黏结性强的岩石表面更容易发生岩崩。问题是没有一种像估计建筑物易损性那样的方法来估计其易损性。许多情况下，地震地质影响没有其他观测资料容易量化。

可以肯定的是某一次地震出现的地震地质影响的程度随空间而变化，很显然它有时对区分震动的相对强弱具有一定的价值。例如，你可以绘制出岩崩或地裂缝的空间密度分布。然而，近年来有关土壤含水量（这对确定斜坡稳定性至关重要）等岩土参数的空间分布的研究发现，这些参数常常呈现一种不规则的聚集模式。结果表明：滑坡分布常成团聚集，即使没有地震也是如此。可能有些弄错的滑坡分布与烈度的关系，与地震动强度毫无关系。

因此，作为一般性的原则，在使用有关自然环境的地震影响时应该小心谨慎，并将之与其他影响效应联合使用。仅仅包括自然环境地震影响的资料不应该作为评定烈度的依据，但可用它来核对其他烈度判据。这意味着对无人居住区进行烈度评定常常是个问题，人们至多只能给出烈度的可能范围。这是令人遗憾的，不过承认这种局限性比确定一个不可靠的烈度值要有用。

处理这类影响时要特别注意它发生的位置，也许它们发生在离最近的城镇有相当距离的乡村，从那些地方得到的这些地震地质影响的报告，不精确。

EMS－98 把地震地质的影响归纳成一个表，用如下三种符号对每种地震地质的影响效应进行描述：

线——观测到的影响效应的可能范围；

空（或实）心圆——出现这种影响效应的典型烈度范围；

实心圆——表示将这种影响效应作为最有用判据的烈度值范围。

这些线的端点带有箭头，代表的是在例外的极端情形下有可能超过影响的极限，比如不同的地质环境或特殊的灵敏地带。就某些影响效应而言，限于目前的认识水平，没有将其囊括在上述三种情况中。应该牢记的是，就多数的地震地质影响而言，其影响程度随着烈度的增加而增强。就泉水流速影响而言，可以预期，在烈度为Ⅴ度时其变化也许很微小，但在烈度较高时其变化也许很大。可以断定，在烈度表里试图区分“泉流变化微小”和“泉流变化很大”是不实际的，其原因是量化描述这些效应面临困难。

在涉及地表破裂时，特别应该仔细区分是由地震动引起的岩土工程现象，还是由断层破裂直接引起的新构造运动现象。其中包括主断层错动引起的大的地形变化。

表中列出的影响分成四组：水文地质、边坡失稳、水平地表变化过程和汇聚过程（复杂情况），最后一组包含由多种过程综合作用产生的结果。应该指出的是滑坡既以边坡失稳的影响形式出现，又以汇聚过程的影响形式出现，其原因是一些滑坡直接是由震动引起岩石移动引起的，而另一些滑坡则是边坡的不稳定性及一定的水文地质条件综合作用的产物，也许区分这两类滑坡并非易事，只想以此说明处理这类影响所面临的困难。

表7－1　地震地质影响与烈度的关系

影响分类		烈度											
		Ⅰ	Ⅱ	Ⅲ	Ⅳ	Ⅴ	Ⅵ	Ⅶ	Ⅷ	Ⅸ	Ⅹ	Ⅺ	Ⅻ
水文地质影响	井水水位－改变很小[1]	●	●	○	○	○	○	－·－	－·－	－·－	－·→		
	井水水位－显著变化[2]						●	●	●	－·－	－·－	－·→	
	静止的水面出现长周期波[3]	——	——	－·－	－·－	－·－	－·－	－·→					
	局部振动使静止的水面出现波动						●	●	●	－·－	－·→		
	湖水变浑[4]		←—	——	——	——	——	○	○	○	——	——	——
	泉水流速受到影响[5]				←—	○	●	●	——	——	——	——	——
	泉水时停或时涌						←—	●	●	●	——	——	——
	湖水溢出										←—	——	——
边坡失稳影响	碎石坡移动					←—	●	●	——	——	——	——	——
	小范围出现滑坡[6]					●	●	●	——	——	——	——	——
	小型岩崩[7]					←—	●	●	○	——	——	——	——
	滑坡、大规模岩崩							●	●	●	●	●	●
平坦地表变化过程[8]	地表出现小裂缝						●	●	●				
	地表出现大裂缝								●	●	●	●	●
汇聚过程/复杂情况	滑坡（水文因素）[9]					●	●	●	●	●	●	●	●
	液化[10]							←·－	●	●	●	●	●

图例： ●—● 作为烈度判据最有用的范围；

—○— 地震地质影响效应对应的典型烈度；

—·— 地震地质影响可能出现的范围；

←—— 超出给定范围，在极端情况下可能出现的地震地质影响。

关于地震地质影响表的注解：

1）仅由仪器自动检测的；

2）容易观测到的变化；

3）远震造成的，可能因波动而引起浑浊；

4）由底部沉积层的扰动引起；

5）流速变化或泉水变浑；

6）自然（河岸等）或人造（道路开挖）的场地上的松散物质；

7）自然（悬崖）或人造（岩石开挖，采石）场地出现较小的岩崩；

8）这两类容易模糊为一类。反复告诫不要把地表断裂与震动产生的裂缝混为一谈；

9）主要由水文地质引起的滑坡（也许延时影响）；

10）液化（比如形成砂坑、砂堆等）。

8　EMS－98 简表

这个简表是从欧洲地震烈度表核心部分摘录的，其目的是以一个简洁、概要的方式使大家对 EMS 有所认识。即可用于教学。该简表不适于烈度评定。

EMS 烈度	定义	观测到的典型影响的描述（摘要）
Ⅰ	无感	无感
Ⅱ	几乎无感	只有室内极少数静止的人才能感觉到
Ⅲ	轻微震颤	在室内的少数人能感到地震，静止的人感到摇摆或轻微的摇晃
Ⅳ	普遍有感	在室内的多数人感到地震，在室外只有很少的人感觉得到，少数人被惊醒；窗户、门和器皿发出卡嗒卡嗒的声响
Ⅴ	感觉强烈	室内绝大多数人和室外少数人有感；多数睡着的人被惊醒，少数人受到惊吓；整个建筑物都在摇晃，悬挂的物体晃动幅度很大；小的物体被移位，门和窗被晃开或关上
Ⅵ	轻微破坏	室内的多数人惊恐外逃，有些物体翻倒；多数房屋出现细微裂缝，小片灰泥脱落，非结构构件遭受轻微破坏
Ⅶ	中等破坏	室内绝大多数人惊恐外逃，家具移位，大量物品从架子上掉落；多数建造良好的普通建筑物遭受中等程度的破坏：墙体出现小裂缝，灰泥脱落，部分烟囱倒塌；老旧建筑物的墙体可能出现大的裂缝，填充墙遭到破坏
Ⅷ	严重破坏	多数居民难以站稳；多数房屋墙体出现大的裂缝，少数建造良好的普通建筑物墙体遭受严重破坏，破旧建筑物可能倒塌
Ⅸ	毁坏	普遍感到惊惶，多数建造质量差的建筑物倒塌，甚至建造良好的普通建筑物遭受非常的严重破坏：墙体严重破坏，部分结构毁坏
Ⅹ	严重毁坏	多数建造良好的普通建筑物倒塌
Ⅺ	毁灭	绝大多数建造良好的普通建筑物倒塌，即使有些具有较好抗震设计的建筑物也被摧毁
Ⅻ	彻底毁灭	几乎所有建筑物都被摧毁